Approche combinatoire du permutoèdre et de l'associaèdre

Jonathan Lortie

Approche combinatoire du permutoèdre et de l'associaèdre

Polytopes abstraits et groupes de Coxeter

Presses Académiques Francophones

Impressum / Mentions légales

Bibliografische Information der Deutschen Nationalbibliothek: Die Deutsche Nationalbibliothek verzeichnet diese Publikation in der Deutschen Nationalbibliografie; detaillierte bibliografische Daten sind im Internet über http://dnb.d-nb.de abrufbar.

Alle in diesem Buch genannten Marken und Produktnamen unterliegen warenzeichen-, marken- oder patentrechtlichem Schutz bzw. sind Warenzeichen oder eingetragene Warenzeichen der jeweiligen Inhaber. Die Wiedergabe von Marken, Produktnamen, Gebrauchsnamen, Handelsnamen, Warenbezeichnungen u.s.w. in diesem Werk berechtigt auch ohne besondere Kennzeichnung nicht zu der Annahme, dass solche Namen im Sinne der Warenzeichen- und Markenschutzgesetzgebung als frei zu betrachten wären und daher von jedermann benutzt werden dürften.

Information bibliographique publiée par la Deutsche Nationalbibliothek: La Deutsche Nationalbibliothek inscrit cette publication à la Deutsche Nationalbibliografie; des données bibliographiques détaillées sont disponibles sur internet à l'adresse http://dnb.d-nb.de.

Toutes marques et noms de produits mentionnés dans ce livre demeurent sous la protection des marques, des marques déposées et des brevets, et sont des marques ou des marques déposées de leurs détenteurs respectifs. L'utilisation des marques, noms de produits, noms communs, noms commerciaux, descriptions de produits, etc, même sans qu'ils soient mentionnés de façon particulière dans ce livre ne signifie en aucune façon que ces noms peuvent être utilisés sans restriction à l'égard de la législation pour la protection des marques et des marques déposées et pourraient donc être utilisés par quiconque.

Coverbild / Photo de couverture: www.ingimage.com

Verlag / Editeur:
Presses Académiques Francophones
ist ein Imprint der / est une marque déposée de
AV Akademikerverlag GmbH & Co. KG
Heinrich-Böcking-Str. 6-8, 66121 Saarbrücken, Deutschland / Allemagne
Email: info@presses-academiques.com

Herstellung: siehe letzte Seite /
Impression: voir la dernière page
ISBN: 978-3-8381-7244-6

REMERCIEMENTS

Je remercie ma famille, mes amis, mes collègues de travail et mes professeurs pour leur soutien inconditionnel. Je tiens particulièrment à remercier ma conjointe ainsi que ma fille qui me rendent vraiment heureux.

Je remercie bien sûr le CRSNG pour son soutien financier et les presses académiques francophones pour la publication de mon mémoire de maîtrise.

TABLE DES MATIÈRES

iv

INTRODUCTION

Le but de ce mémoire est de présenter combinatoirement les associaèdres généralisés de type A et B ainsi qu'un invariant de leurs réalisations, le barycentre.

En 1961, durant ses recherches sur un complexe cellulaire en lien avec les espaces de lacets, Jim Stasheff (17) découvrit l'associaèdre. Il fut montré par Carl Lee (12), plus d'une vingtaine d'années plus tard, que l'associaèdre était un polytope convexe. Originellement, il était appellé polytope de Stasheff. Plusieurs chercheurs s'y intéressèrent lorsqu'il fût montré que les associaèdres généralisés avaient des liens avec beaucoup d'autres branches des mathématiques. Notamment la théorie des opérades, la théorie des groupes de Coxeter, les treillis Cambriens, la combinatoire et même la physique théorique (voir les références de (6)). Jean-Louis Loday donna une réalisation intéressante de l'associaèdre et montra un lien entre le permutoèdre et l'associaèdre (13). Notamment l'ensemble d'hyperplans utilisé par Loday pour réaliser l'associaèdre est un sous-ensemble des hyperplans nécessaires pour réaliser le permutoèdre. Cette réalisation élégante utilise la combinatoire de Catalan et donne des sommets à coordonnées entières.

R. Bott et C. Taubes (4) trouvèrent plus tard un autre polytope, le cycloèdre, semblable dans sa construction à l'associaèdre. Il fut introduit dans le cadre de la théorie des noeuds. En 2003, Fomin et Zelevinsky introduisirent les associaèdres généralisés (5) qui sont une classe de polytopes en lien avec les groupes de Coxeter et les treillis Cambriens. Les associaèdres généralisés de type A et B sont respectivement le polytope de Stasheff et le cycloèdre. Christophe Hohlweg et Carsten Lange (6), donnèrent des méthodes combinatoires pour construire les réalisations des associaèdres généralisés de type A et B. Ces réalisations sont construites en utilisant des sous-ensembles d'hyperplans des ensembles d'hyperplans nécessaires pour construire les permutoèdres de type A et B. En mots simples, cela veut dire que nous pouvons construire les réalisations des associaèdres généralisés de type A et B en enlevant certaines faces des permutoèdres de type A et B.

F. Chapoton conjectura que le barycentre de la réalisation de Loday de l'associaèdre est le même que celui de la réalisation naturelle du permutoèdre. Christophe Hohlweg, Annie Raymond et moi-même (8) démontrèrent que les barycentres des réalisations des permutoèdres de type A et B, ainsi que les barycentres des réalisations des associaèdres généralisés de type A et B sont tous les mêmes. Le barycentre se trouve donc à être un invariant de l'opération qui enlève certaines faces du permutoèdre pour obtenir l'associaèdre.

Dans notre premier chapitre, nous introduirons la notion de polytope abstrait et de réalisation. Nous introduirons le permutoèdre et sa réalisation naturelle. Ensuite, nous introduirons l'associaèdre tel que découvert par Stasheff et nous en donnerons la réalisation selon Loday.

Dans le deuxième chapitre, nous effectuerons quelques rappels au sujet de la théorie des groupes de Coxeter. Grâce à l'orientation des graphes de Coxeter de type A et B ainsi qu'à des triangulations, nous définirons les permutoèdres généralisés ainsi que les associaèdres généralisés de type A et B.

Dans le troisième chapitre, nous démontrerons le résultat de Christophe Hohlweg, Annie Raymond et moi-même .

CHAPITRE I

POLYTOPES, PERMUTOÈDRE ET ASSOCIAÈDRE CLASSIQUE

Nous exposerons, premièrement, la notion de *polytope convexe*, comme elle est vu classiquement (voir (18)). Nous verrons ensuite la notion de *polytope abstrait* telle que décrite par Peter McMullen et Egon Schulte (voir (14)) qui généralise la notion de polytope classique et la clarifie. Nous donnerons un résultat important sur les polytopes simples et nous exposerons le permutoèdre et l'associaèdre qui sont les objets d'étude de ce mémoire (13).

Notons que dans ce chapitre nous omettrons presque toutes les preuves. Le lecteur pourra se référer à (18), (14) et (13).

1.1 Polytopes convexes

La notion de polytope est la généralisation de la notion de polygone, à un nombre de dimensions quelconques.

Un ensemble E est dit *convexe* si pour tout points a, b de E, le segment $[ab]$ est inclus dans E. L'*enveloppe convexe* d'un ensemble E est le plus petit ensemble convexe qui contient E.

Un *hyperplan* H d'un espace vectoriel réel est le noyau d'une forme linéaire ϕ non nulle. Le *demi-espace positif* de ϕ est l'ensemble des points x tel que $\phi(x)$ est plus grand ou égal à 0. De la même façon, le *demi-espace négatif* est l'ensemble des points

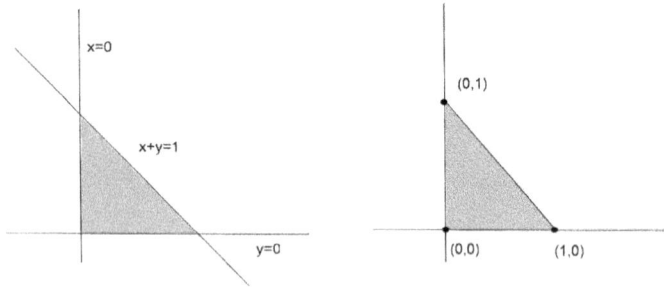

Figure 1.1 Triangle

x tel que $\phi(x)$ est plus petit ou égal à 0.

Définition 1.1.1. Un polytope convexe de dimension n est l'intersection d'un nombre fini de demi-espaces non-redondants tel que la dimension de l'intersection est n et que le volume est fini. Nous pouvons aussi définir un polytope convexe comme étant l'enveloppe convexe d'un nombre fini de points. Ces deux définitions sont équivalentes.

Nous pouvons voir l'exemple d'un triangle réalisé selon les deux méthodes (voir Figure 1.1). La première image selon les demi-espaces $x \geq 0$, $y \geq 0$ et $x+y \leq 1$ dans le plan. Dans la deuxième image selon l'enveloppe convexe des points $(0,0)$, $(1,0)$ et $(0,1)$ du plan.

Définition 1.1.2. Soit Π un polytope convexe de dimension n. Une *face* F de dimension i de Π est un sous-ensemble de Π tel que F soit un polytope convexe de dimension i.

Les faces de dimension 0 sont donc les sommets et les faces de dimension 1 sont donc les arêtes du polytope. Par convention, il existe un polytope de dimension -1 qui est l'ensemble vide.

5

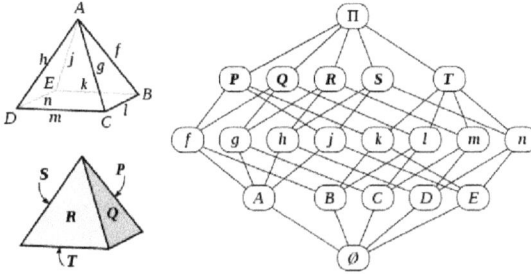

Figure 1.2 Pyramide carré (19)

Définition 1.1.3. Le *diagramme de Hasse* d'un polytope est le graphe orienté représentant les relations d'inclusion entre les faces. Les sommets du graphe sont les faces du polytope et il y a une arête entre deux faces a et b, orientée de a vers b, si la face a est incluse dans la face b. Remarquons que le diagramme de Hasse d'un polytope est unique.

Afin de rendre le graphe plus facilement analysable, nous plaçons les sommets dans des tranches horizontales. La tranche la plus basse contient la face de dimension -1 la deuxième tranche contient les faces de dimension 0 etc. De cette façon le sens des arêtes devient clair et nous pouvons enlever les flèches pour simplifier le graphe. La tranche horizontale de dimension -1 est toujours la plus basse. Voir Figure 1.2 pour un exemple sur la pyramide à base carré de dimension 3.

Si deux polytopes ont le même diagramme de Hasse, on dit qu'ils sont *combinatoirement équivalent*. Parfois, certaines personnes se réfèrent au polytope Π comme étant la classe d'équivalence du polytope Π sous la relation d'être combinatoirement équivalent. On dit aussi qu'un polytope Π' est une *réalisation* de Π s'ils sont dans la même classe d'équivalence.

Par exemple, tous les quadrilatères dans le plan font partis de la même classe d'équivalence.

1.2 Polytopes abstraits

Nous allons introduire ici la définition d'un polytope abstrait telle que donnée par Peter McMullen et Egon Schulte (14). Sous cette définition, un polytope sera un diagramme de Hasse et nous appellerons *réalisation* une représentation géométrique de ce diagramme. Comme nous ne partons pas d'un objet géométrique pour définir un diagramme de Hasse, nous aurons besoin de conditions sur un *ensemble partiellement ordonné* pour être capable de définir un polytope abstrait.

Soit Π un ensemble partiellement ordonné de faces (c'est-à-dire un ensemble partiellement ordonné dont nous appelons les éléments des faces). Une face F sera de dimension (ou de rang) n s'il existe une chaîne de $n + 2$ faces $(F_1, F_2, ..., F_{n+1}, F)$ tel que $F_1 < F_2 < ... < F$ et que cette chaîne soit de longueur maximale. Notons qu'avec cette définition les éléments minimaux de Π sont de dimension -1.

La dimension d'un ensemble partiellement ordonné de face Π est n s'il possède une unique face maximale de dimension n. Notons que ce ne sont pas tous les ensembles partiellement ordonnés qui ont un élément maximal. Si Π possède une face maximale, nous nommons celle-ci M. De même, si Π possède un élément minimale, nous le notons $\emptyset$.

Un *drapeau* est une chaîne maximale de faces de Π. C'est à dire une chaîne

$$(\emptyset, F_0, F_1, ..., F_{n-1}, M)$$

tel que $\emptyset < F_0 < F_1 < F_2 < ... < F_{n-1} < M$ et tel que cette chaîne ne soit pas la sous-chaîne d'une autre.

Un sous-ensemble d'un ensemble partiellement ordonné est aussi un ensemble partiellement ordonné (en gardant la même relation d'ordre). Soit Π un ensemble partiellement ordonné de face, et F et H deux faces de Π tel que $F \leq H$. Alors l'ensemble $[F, H]$ est définit comme étant l'ensemble suivant : $\{G \in \Pi | F \leq G \leq H\}$. Notons

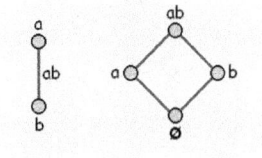

Figure 1.3 Une arête telle que représenté dans un graphe et une arête vue comme un polytope abstrait (19).

que cet ensemble a un élément maximal et un élément minimal. Nous appelons $[F, H]$ une *section* de Π. Remarquons que : $dim([F, H]) = dim(H) - dim(F) - 1$.

Une *arête* A de Π est une section $[H, F]$ de dimension 1 ayant 4 éléments. Par exemple l'ensemble $A = \{\emptyset, a, b, c\} = [\emptyset, c]$ est une arête (Voir la Figure 1.3). Par abus de notation, nous posons $c = ab$.

Définition 1.2.1. Un *polytope abstrait* Π de dimension n est un ensemble partiellement ordonné de faces qui satisfait les conditions suivantes :

1. Il possède un élément maximal et un élément minimal ($\emptyset$ et M).

2. Chaque drapeau a exactement $n + 2$ faces.

3. Il est fortement connexe. C'est-à-dire que pour chaque paire de drapeaux D_0, D_j, il existe une suite de drapeaux $D_0, D_1, D_2..., D_j$ telle que D_i et D_{i+1} ne diffèrent que par une seule face.

4. Chaque section de dimension 1, est une arête.

Définition 1.2.2. Une *réalisation* d'un polytope abstrait Π de dimension n est un polytope convexe tel que défini dans la section 1.1 et tel que son diagramme de Hasse soit isomorphe au polytope abstrait Π. Nous notons une réalisation de Π, $rea(\Pi)$. Il n'existe pas toujours de réalisation convexe pour tout polytope abstrait, par exemple voir (14).

8

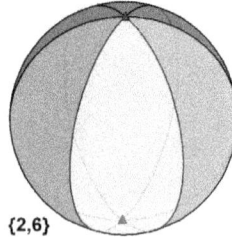

{2,6}

Figure 1.4 Hosoèdre (19)

La définition de polytope abstrait nous permet non seulement de considérer tous les polytopes tels que défini classiquement, mais permet aussi d'intégrer des objets qui n'étaient pas considérés comme des polytopes avant. Les auteurs McMullen et Schulte donne la réalisation du hosoèdre (voir Figure 1.4) comme exemple de réalisation d'un polytope abstrait qui n'est pas un polytope selon la définition classique. La définition de polytope abstrait admet aussi des polytopes avec un nombre infini de faces. Nous pouvons donc obtenir des pavages du plan ou de l'espace, nous pouvons aussi obtenir des polytopes dit projectifs, ainsi que les structures appellées 11-*cell* et 57-*cell* (14).

Proposition 1.2.3. *Soit* Π *et* Π' *deux polytopes. Si P est une réalisation de* Π *et de* Π', *alors* $\Pi = \Pi'$.

Démonstration. Le diagramme de Hasse d'une réalisation est unique. □

Le *1-squelette* d'un polytope Π est le graphe dont les sommets sont les faces de dimension 0 de Π et les arêtes sont les faces de dimension 1 de Π en respectant les relations d'inclusions de Π. Un polytope de dimension n est *simple* si tous les sommets de son 1-squelette sont de degré n. Remarquons que le 1-squelette d'un polytope est unique.

Théorème 1 (Kalai)**.** *Un polytope abstrait fini simple est entièrement déterminé par* *son 1-squelette.*

Ce théorème nous permet de concidérer seulement les faces de dimension 0 et 1 plutot que tout le diagramme. Un *isomorphisme de polytope* est un isomorphisme d'ensembles partiellement ordonnés. Le théorème que nous venons de voir est donc très important, car si un polytope est simple, alors un isomorphisme de 1-squelette induit un isomorphisme de polytope.

1.3   Groupe symétrique et permutoèdre

Nous notons S_n le groupe symétrique agissant sur n éléments et nous notons l'ensemble $[n] = \{1, 2, ..., n\}$.

Soit τ_i la transposition qui permute i et $i{+}1$. Il est bien connu que toutes permutations peuvent s'exprimer comme produit de transpositions. Donc S_n est engendré par les τ_i pour i de 1 à $n - 1$. Les relations nécessaires et suffisantes sur les τ_i pour obtenir le groupe symétrique sont les suivantes :

$$
\begin{aligned}
(\tau_i)^2 &= e, \ \forall i \in [n-1] \\
(\tau_i \tau_j)^2 &= e, \ \forall \, i, j \in [n-1] \mid |j - i| > 1 \\
(\tau_i \tau_j)^3 &= e, \ \forall i, j \in [n-1]| \ |j - i| = 1
\end{aligned}
$$

Notons que la relation $(\tau_i)^2$ signifie que les τ_i sont des involutions. La relation $(\tau_i \tau_j)^2$ signifie que la plupart des τ_i commutent entre eux ($\tau_i \tau_j = \tau_j \tau_i$). De plus, la relation $(\tau_i \tau_j)^3$ implique l'égalité suivante : $\tau_i \tau_{i+1} \tau_i = \tau_{i+1} \tau_i \tau_{i+1}$, cette dernière relation est appelée une relation de tresse.

Voici S_3 exprimé de façon standard et exprimé en fonction des τ_i :

$$\begin{aligned} S_3 &= \{(123),(213),(132),(231),(312),(321)\} \\ &= \{e,\ \tau_1,\ \tau_2,\ \tau_1\tau_2,\ \tau_2\tau_1,\ \tau_1\tau_2\tau_1 = \tau_2\tau_1\tau_2\} \end{aligned}$$

Une suite de τ_i est appelé un *mot* sur l'alphabet des τ_i. La *longueur* d'un mot est la cardinalité de la suite. Soit un ensemble de relations, alors deux mots sont équivalents si on peut passer de l'un à l'autre en appliquant une suite de relations. Voici un exemple dans S_3 : $\tau_1\tau_2\tau_1\tau_2 = (\tau_2\tau_1\tau_2)\tau_2 = \tau_2\tau_1$. Un mot ω est dit *réduit* s'il n'existe pas de mot équivalent à ω qui soit plus court. Nous disons aussi que si le mot réduit ω est équivalent à un mot non réduit ω', que ω est une *expression réduite* de ω'. Un *sous-mot* de ω est une sous-suite de la suite ω.

Soit $I = \{\tau_{j_1}, \tau_{j_2}, ...\tau_{j_i}\}$ un sous-ensemble de générateurs de S_n. Le *sous-groupe parabolique*, S_I, est le groupe engendré par I avec les relations de S_n.

Définition 1.3.1. Nous allons définir le *permutoèdre* de dimension $n-1$, $Perm_{n-1}$, à partir des éléments de S_n. La face de dimension -1 est l'ensemble vide. Les faces de dimensions 0 sont les éléments de S_n. Une face de dimension i est un l'ensemble σS_I où I est de cardinalité i et $\sigma \in S_n$. Notons que si $\sigma' \in \sigma S_I$, alors $\sigma' S_I = \sigma S_I$. Une face F va être plus petite qu'une face F' si et seulement si F est incluse dans F'. Remarquons que la face maximale est de dimension $n-1$, car S_n possède $n-1$ générateurs.

Remarquons que la section $[\emptyset, S_{\{\tau_1,\tau_2,...,\tau_i\}}]$ est le permutoèdre de dimension i, $\forall\ i \le n-1$.

Montrons que $Perm_{n-1}$ est simple. Remarquons que $S_{\{\tau_j\}} = \{e, \tau_j\}$, ce qui implique que $\sigma S_{\{\tau_j\}} = \{\sigma, \sigma\tau_j\}$. Les sommets du 1-*squelette* de $Perm_{n-1}$ sont les éléments de S_n et il y a donc une arête entre deux sommets σ, σ' si et seulement si il existe un τ_j tel que $\sigma = \sigma'\tau_j$. En particulier, le degré d'un sommet est $n-1$, car S_n possède $n-1$ transpositions. Donc $Perm_{n-1}$ est un polytope simple.

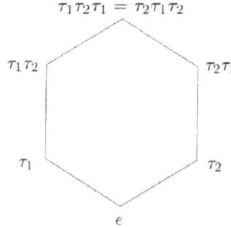

Figure 1.5 $Perm_2$

Nous pouvons voir un exemple du 1-*squelette* de $Perm_2$ dans la Figure 1.5.

La réalisation classique de $Perm_{n-1}$, est l'enveloppe convexe de l'orbite du point $(1, 2, ..., n)$ sous l'action du groupe symétrique S_n. Ces points sont exactement les sommets de la réalisation. Nous pouvons voir des exemples à la Figure 1.6 de ces réalisations pour $n = 3$ et $n = 4$.

Vérifions que cette réalisation est un objet de dimension $n - 1$ vivant dans un espace de dimension n. Notons le sommet $(\sigma(1), \sigma(2), ..., \sigma(n))$ par $C(\sigma)$. Remarquons que la somme des coordonnées de chaque sommet est toujours fixe, donc cette réalisation du permutoèdre est contenue dans un hyperplan de dimension $n - 1$ d'équation :

$$\sum_{i=0}^{n} i = 1 + 2 + ... + n = \frac{n(n+1)}{2}.$$

Nous pouvons donc affirmer que la dimension de cette réalisation est au plus $n - 1$. Soit le point $C(e) = (1, 2, ..., n)$ et le point $C(\tau_i) = (1, 2, ..., i - 1, i + 1, i, i + 2, ..., n)$. Soit les $n - 1$ vecteurs $\overrightarrow{C(e)C(\tau_i)} = (0, ...0, 1, -1, 0, ..., 0)$ inclus dans l'enveloppe convexe des $C(\sigma)$. Montrons que ces vecteurs sont linéairement indépendants. Considérons la somme $\sum_{i=1}^{n-1} a_i \overrightarrow{C(e)C(\tau_i)} = (a_1, a_2 - a_1, a_3 - a_2, ..., a_{n-1} - a_{n-2}, -a_{n-1}) = \overrightarrow{0}$. Il est clair que $a_1 = 0$, $a_1 = 0$ implique $a_2 = 0$, $a_2 = 0$ implique $a_3 = 0$ et ainsi de

12

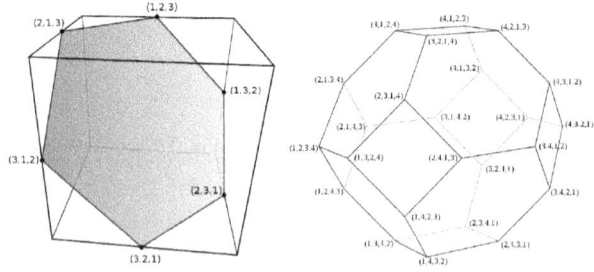

Figure 1.6 $Perm_2$ et $Perm_3$ (21)

suite jusqu'à $a_{n-1} = 0$. Les vecteurs $\overrightarrow{C(e)C(\tau_i)}$ sont donc linéairement indépendants, ce qui implique que cette réalisation est bien de dimension $n-1$.

Nous donnons la réalisation classique du permutoèdre en terme de demi-espace, car nous allons aussi en avoir besoin. Soit l'hyperplan

$$H = \{x \in \mathbb{R}^n | \sum_{i \in [n]} x_i = \frac{n(n+1)}{2}\}$$

Soit K un sous-ensemble de $[n]$. Nous notons la cardinalité de K par k. À partir de chaque sous-ensemble K nous définissons le demi-espace suivant :

$$\mathcal{H}_K = \{x \in \mathbb{R}^n | (n-k) \sum_{i \in K} x_i - k \sum_{i \in [n] \backslash K} x_i + \frac{nk(n-k)}{2} \geq 0\}$$

.

Le demi-espace ouvert $\mathcal{H}_K^+$ et l'hyperplan H_K sont définis respectivement par l'inégalité stricte et l'égalité. Le demi-espace ouvert négatif $\mathcal{H}_K^-$ est défini comme le complément de $\mathcal{H}_K$ dans $\mathbb{R}^n$. Nous pouvons décrire la réalisation classique du permutoèdre de la façon suivante :

$$Perm_n = H \cap \bigcap_{\emptyset \neq K \subset [n]} \mathcal{H}_K.$$

De plus, $C(\sigma) \in H_K$ si et seulement si $\sigma^{-1}([k]) = K$. Ce qui veut dire que

$$\{C(\sigma)\} = H \cap \bigcap_{\substack{\emptyset \neq K \subset [n] \\ K = \sigma^{-1}([k])}} H_K.$$

Par exemple voici les demi-espaces de la réalisation de $Perm_2$.

$$H \quad = \quad \{x \in \mathbb{R}^3 | x_1 + x_2 + x_3 = 6\} \tag{1.1}$$

$$\mathcal{H}_{\{1,2,3\}} \quad = \quad \{x \in \mathbb{R}^3 | 0 - 3 \sum_{i \in \emptyset} x_i + 0 \geq 0\} \tag{1.2}$$

$$= \quad \mathbb{R}^3 \tag{1.3}$$

$$\mathcal{H}_{\{1,2\}} \quad = \quad \{x \in \mathbb{R}^3 | 1(x_1 + x_2) - 2(x_3) + \frac{6(1)}{2} \geq 0\} \tag{1.4}$$

$$\mathcal{H}_{\{1,3\}} \quad = \quad \{x \in \mathbb{R}^3 | 1(x_1 + x_3) - 2(x_2) + \frac{6(1)}{2} \geq 0\} \tag{1.5}$$

$$\mathcal{H}_{\{2,3\}} \quad = \quad \{x \in \mathbb{R}^3 | 1(x_2 + x_3) - 2(x_1) + \frac{6(1)}{2} \geq 0\} \tag{1.6}$$

$$\mathcal{H}_{\{1\}} \quad = \quad \{x \in \mathbb{R}^3 | 2(x_1) - 1(x_2 + x_3) + \frac{3(2)}{2} \geq 0\} \tag{1.7}$$

$$\mathcal{H}_{\{2\}} \quad = \quad \{x \in \mathbb{R}^3 | 2(x_2) - 1(x_1 + x_3) + \frac{3(2)}{2} \geq 0\} \tag{1.8}$$

$$\mathcal{H}_{\{3\}} \quad = \quad \{x \in \mathbb{R}^3 | 2(x_3) - 1(x_1 + x_2) + \frac{3(2)}{2} \geq 0\} \tag{1.9}$$

$$\mathcal{H}_{\emptyset} \quad = \quad \mathbb{R}^3 \tag{1.10}$$

Remarquons que $\mathcal{H}_{[n]} = \mathcal{H}_{\emptyset} = \mathbb{R}^n$ pour tout n.

1.4 Polytope de Stasheff

L'*associaèdre* a été découvert par J. Stasheff au cours de son étude des espaces de lacets. Stasheff a associé à un espace de lacets de dimension n un complexe cellulaire de dimension n. Un complexe cellulaire peut correspondre à un polytope. Lorsque c'est le cas, nous remplaçons une n-cellule par une face de dimension n. Stasheff observa que dans les cas de petites dimensions, l'associaèdre était un polytope. Il se posa alors la question à savoir si en général l'associaèdre était un polytope. Il fut prouvé plus d'une vingtaine d'années plus tard par Carl Lee (12), que le polytope de Stasheff était un polytope.

Les différentes façons de composer n lacets correspondent aux différentes façons de faire des *parenthésages maximaux* sur n éléments.

Définition 1.4.1. Un *parenthésage* sur un ensemble fini E est un ensemble de parenthèses où chaque parenthèse contient au moins deux objets pouvant être soit un élément de E ou une autre parenthèse. On appel un parenthésage maximal sur E un parenthésage contenant un nombre maximal de parenthèses. Voici un exemple d'un parenthésage maximal sur l'ensemble $E = \{a, b, c, d, e\} : (((ab)c)(de))$. Notons qu'un parenthésage maximale sur un ensemble de cardinalité n aura exactement $n-1$ parenthèses.

Soit P un parenthésage sur E. Nous notons $P(E) = \{p_0, p_1, p_2, ..., p_m\}$ l'ensemble des parenthèses de P, elles sont numérotées selon l'ordre dans lequel elles apparaissent dans la lecture de P. Nous notons $P' = P \setminus p_j$ le parenthésage P où nous avons enlevé la parenthèse p_j. Par exemple $(((ab)c)(de)) \setminus p_2 = ((abc)(de))$.

Nous dirons qu'un parenthésage P est contenu dans un parenthésage P' s'il existe une suite $[p_{j_1}, p_{j_2}, ..., p_{j_m}]$ tel que $P \setminus \{p_{j_1}, p_{j_2}, ..., p_{j_m}\} = P'$ et $j_i \neq 0$, $\forall i$. Nous définissons le degré d'un parenthésage P' comme étant la longueur de la suite séparant P' d'un parenthésage maximal. Nous traitons la parenthèse p_0 de façon spéciale, car elle est invariante sous l'appliquation de la règle d'associativité. De plus, par convention, le parenthésage vide est de degré -1.

Définition 1.4.2. Nous allons utiliser les parenthésages sur un ensemble de cardinalité $n + 1$ afin de définir l'associaèdre de dimension $n - 1$, noté $Asso_{n-1}$. Les faces de dimension i sont les parenthésages de degré i et la relation d'ordre sur les faces est la relation d'inclusion que nous venons de décrire.

Nous pouvons voir à la Figure 1.7 le 1-squelette de l'associaèdre de dimension 2.

Selon cette définition, il n'est pas clair que les sections de dimensions 1 sont nécessairement des arêtes. Remarquons que toutes les parenthèses d'un parenthésage maximal contiennent exactement deux objets. Donc toutes les parenthèses d'un parenthésage P' de degré 1 contiendrons deux objets sauf une qui en contiendra trois. Il y a exactement deux façons de mettre des parenthèses autours de deux objets parmis trois. Il existe donc seulement deux parenthésages maximals P_1, P_2 tel que $P_1 < P'$

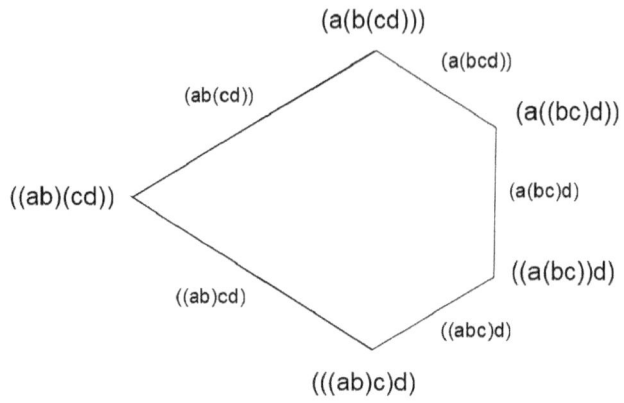

Figure 1.7 1-*squelette* de *Asso₂*.

et $P_2 < P'$.

Soit E un ensemble de cardinalité $n + 1$, soit $\emptyset$ le parenthésage vide et soit P un parenthésage maximal. Soit i le nombre de parenthèses de P englobées par la parenthèse p_1. Alors la section $[\emptyset, P \setminus \{p_2, p_3, ..., p_{i+1}\}]$ est l'associaèdre de dimension i.

Montrons que l'associaèdre est un polytope simple. Les sommets du 1-squelette de $Asso_{n-1}$ sont les parenthésages maximaux. Soit P_1, P_2 deux parenthésages maximauxs tel qu'il existe $p_i \in P_1(E)$ tel que $P_2 < (P_1) \setminus p_i$. Un parenthésage maximal sur E, tel que $|E| = n + 1$, possède exactement n parenthèses. Comme $P(E)$ ne contient pas la parenthèse englobant tous les éléments de E, $|P(E)| = n - 1$. Donc, le degré de chaque sommet du 1-squelette est $n - 1$ donc l'associaèdre est un polytope simple.

Nous allons maintenant présenter la réalisation de Jean-Louis Loday. Il est bien connu que les arbres binaires sont en bijections avec les parenthésages maximaux. Loday a trouvé un algorithme qui associe à chaque arbre binaire un point de l'espace. L'enveloppe convexe de ces points est une réalisation de l'associaèdre.

Définition 1.4.3. Nous définissons un *arbre binaire* de la façon suivante : un arbre binaire y qui n'est pas vide est formé d'un nœud, nommé sa *racine*, et de deux sous-arbres binaires, l'un appelé le *fils gauche*, l'autre le *fils droit*. Un fils droit sera un arbre binaire vide, si et seulement si, le fils gauche est aussi un arbre binaire vide. Nous appellerons *une feuille*, un sommet dont les deux fils sont des arbres vides. Une feuille n'est plus considérée comme un noeud de l'arbre. Nous classons les arbres binaires selon le nombre de feuilles qu'ils possèdent. Nous notons la classe d'arbres binaires ayant n feuilles Y_n. Nous voyons dans la Figure 1.8 les exemples de Y_2, Y_3 et Y_4. De façon classique, nous plaçons toujours la racine des arbres binaires vers le haut et les feuilles vers le bas. Nous sommes conscient que l'utilisation de la lettre Y pour parler des arbres binaires n'est pas idéale, mais nous devons réserver les symboles A_n et B_n pour plus tard.

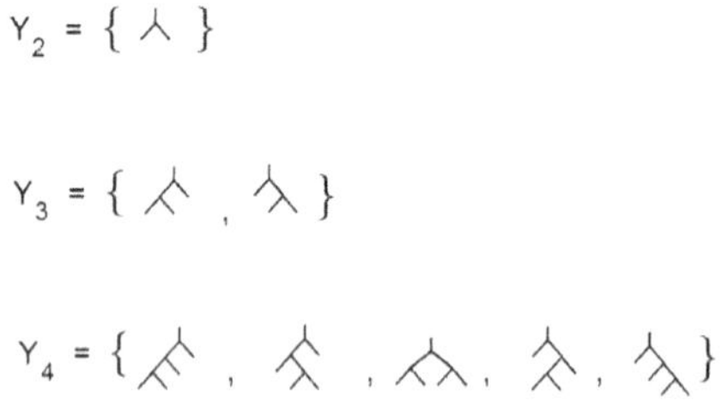

$$Y_2 = \{ \curlywedge \}$$

$$Y_3 = \{ \curlywedge , \curlywedge \}$$

$$Y_4 = \{ \curlywedge , \curlywedge , \curlywedge , \curlywedge , \curlywedge \}$$

Figure 1.8 Y_2, Y_3 et Y_4

La Figure 1.9 donne un exemple de la bijection entre les parenthésages maximaux et les arbres binaires. Dans cette image, nous avons colorié chaque parenthèse pour aider à visualiser la bijection. La première parenthèse se transforme en racine de l'arbre binaire et nous attachons à cette racine un fils gauche étiqueté par l'élément gauche de la parenthèse et un fils droit étiqueté par l'élément droit de la parenthèse. Nous répétons le processus jusqu'à obtenir des éléments n'étant pas des parenthèses sur chaque feuille. Dans notre exemple l'élément de gauche de la parenthèse noire est la parenthèse bleu et l'élément de droite est la parenthèse rose.

Définition 1.4.4. Définissons maintenant l'algorithme C qui permet d'associer un point de $\mathbb{R}^n$ à un arbre binaire de Y_{n+1}. Soit $y \in Y_{n+1}$, l'étape 0 est d'étiqueter les feuilles de y avec les nombres de 0 à n en parcourant l'arbre de gauche à droite. Les étapes suivantes (1 à $n-1$) consistent à étiqueter les nœuds de y. En parcourant y de gauche à droite, un nœud sera étiqueté i s'il est le premier nœud non-étiqueté rencontré en allant vers la feuille i et en partant de la feuille $i-1$. Nous définissons alors g_i et d_i qui sont respectivement le nombre de feuilles contenues dans le fils gauche et le nombre de feuilles contenues dans le fils droit du nœud i. Les étapes suivantes

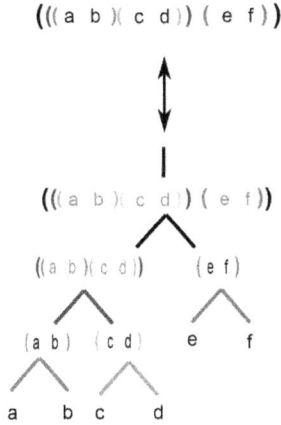

Figure 1.9 Parenthésage-arbre binaire

consistent à associer une coordonnée à un noeud. Le noeud i aura la coordonnée $g_i d_i$. Donc $C(y) = (g_1 d_1, \ g_2 d_2, ..., \ g_n d_n)$. Pour voir un exemple complet et détaillé de cet algorithme voir la Figure 1.10.

L'enveloppe convexe de $\{C(y) \mid y \in Y_{n+1}\}$ est la réalisation de $Asso_{n-1}$ tel que décrite par Loday. La Figure 1.11 montre $Asso_2$.

20

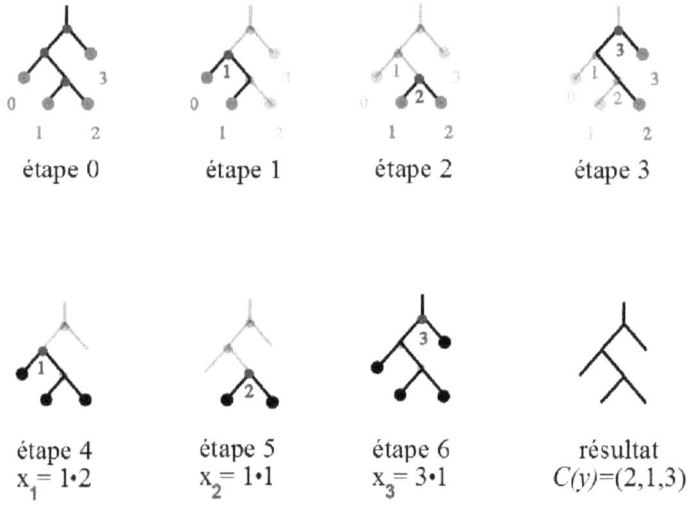

étape 0	étape 1	étape 2	étape 3

étape 4 $x_1 = 1 \cdot 2$	étape 5 $x_2 = 1 \cdot 1$	étape 6 $x_3 = 3 \cdot 1$	résultat $C(y) = (2,1,3)$

Figure 1.10 Algorithme sur un arbre binaire

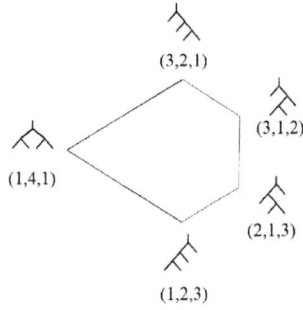

Figure 1.11 *Asso₂* avec arbres binaires

CHAPITRE II

ASSOCIAÈDRES DE TYPE A ET B

En 1994, R. Bott et C. Taubes ont découvert un polytope nommé le cycloèdre (4).
Ce polytope est en lien avec la théorie des nœuds. Il a été redécouvert de façon
indépendante par R. Simion (16). Dans la façon dont il est construit, il ressemble
à l'associaèdre tel que décrit par Stasheff. La découverte de ce nouveau polytope a
motivé l'apparition de la définition d'associaèdre généralisé. La découverte de liens
entre les algèbres amassées, les treillis Cambrien, les groupes de Coxeter et les associaèdres généralisés ont aussi largement motivés ces recherches (voir références de
(6)). Chaque associaèdre généralisé a des liens avec un permutoèdre généralisé. Nous
commencerons donc par définir un permutoèdre généralisé. Nous n'aurons malheu-
reusement pas le temps d'explorer tous les associaèdres généralisés, car nous aurions
besoin d'introduire et de justifier beaucoup de résultats de la théorie des groupes
de Coxeter et des treillis Cambriens. Nous donnerons tout de même quelques idées
de la construction pour les lecteurs intéressés. Pour ces raisons, nous nous attarde-
rons seulement aux associaèdres de type A et de type B qui sont respectivement le
polytope de Stasheff et le cycloèdre.

2.1 Permutoèdre généralisé

Soit G un groupe. Soit $E = \{s_1, s_2, ..., s_k\}$ un *ensemble de générateurs minimal* de
G et soit R l'ensemble des relations associé à E. Un ensemble de générateurs E est
minimal s'il ne possède pas de sous-ensemble E' qui peut générer G. Nous noterons

un choix d'un ensemble de générateurs minimal (G, E).

Nous nous rappelons qu'un mot réduit sur l'alphabet E est une suite d'éléments de E tel qu'il n'existe pas d'élément de R qui fasse en sorte qu'il existe une suite équivalente, mais plus courte.

Soit $I = \{s_{j_1}, s_{j_2}, ..., s_{j_i}\}$ un sous-ensemble de E. Nous notons G_I le sous-groupe de G engendré par I.

Considérons l'ensemble partiellement ordonné suivant :

Définition 2.1.1. Nous allons définir le *treilli parabolique* de (G, E) à partir des éléments de G exprimés selon les générateurs E. La face de dimension -1 est l'ensemble vide. Les faces de dimensions 0 sont les éléments de G. Une face de dimension $i \geq 0$ est un ensemble gG_I où $g \in G$ et I est de cardinalité i. Notons que si $g' \in gG_I$, alors $g'G_I = gG_I$. Une face F va être plus petite qu'une face F' si et seulement si F est incluse dans F'. Remarquons que la face maximale est de dimension k, car G est engendré par k générateurs.

Le treilli parabolique d'un ensemble de générateurs minimal (G, E) est un polytope si et seulement si tous les générateurs de E sont d'ordre 2. En effet, si $s_j^3 = e$ alors $S_{\{s_j\}}$ contient trois éléments, ce qui implique que la face de dimension 1, $eS_{\{s_j\}}$, contient aussi trois éléments. Donc la section $[\emptyset, S_{\{s_j\}}]$ n'est pas une arête. Les autres conditions sont satisfaites dans tous les cas.

Un ensemble de générateurs minimal d'ordre 2 pour un groupe W, (W, E), est appelé un *système de Coxeter*. Soit (W, E) un système de Coxeter, alors nous disons que le treillis parabolique de (W, E) est le permutoèdre de type (W, E). Nous notons ce polytope $Perm(W, E)$.

Proposition 2.1.2. *Le permutoèdre est toujours un polytope simple de dimension* k.

La preuve est la même que celle que nous avons fait dans le chapitre 1 pour prouver que $Perm_n$ est simple.

Notons que cette notion de permutoèdre généralisé n'est pas la même que celle utilisée par d'autres auteurs. Par exemple Postnikov (15) travaille sur des transformations géométriques de la réalisation classique du permutoèdre, il utilise la définition "géométrique" d'un polytope. La définition que nous présentons ici du permutoèdre généralisé est une définition d'un polytope abstrait.

Certains seraient tentés de dire que si G agit naturellement sur $\mathbb{R}^n$, alors l'enveloppe convexe de $\{g(1, 2, ..., n)|g \in G\}$ est une réalisation de $Perm(G, E)$. Cependant, le polytope $Perm(G, E)$ dépend de E tandis que l'ensemble $\{g(1, 2, ..., n)|g \in G\}$ ne dépend pas de E. Donc il pourrait exister des systèmes de Coxeter pour lesquels cela n'est pas vrai, et c'est le cas ! Par exemple si nous choisissons l'ensemble de générateurs $E = \{(1, j)| \ 1 < j \leq n\}$ pour S_n avec les relations $R = \{((1, j))^2 = ((1, j), (1, k))^3 = e, \ \forall j, k\}$. Notons que toutes les faces de dimension 2 de $Perm(S_n, E)$ sont des ensembles de cardinalité 6, ce qui signifie que toutes les faces de dimension 2 de la réalisation doivent contenir 6 sommets, ce qui n'est pas le cas de la réalisation classique que nous avons vu au chapitre 1.

2.2   Système de Coxeter

Avant de nous lancer dans l'exploration des associaèdres de type A et B, nous avons besoin d'une notion préliminaire. Soit (W, E) un système de Coxeter. Le groupe W est appelé un groupe de Coxeter.

Définition 2.2.1. Soit (W, E) un système de Coxeter ayant n générateurs τ_i. Soit un graphe avec n sommets étiquetés avec l'ensemble des générateurs E. Le graphe est complet et l'arête entre τ_i et τ_j est étiquetée avec l'ordre de l'élément $(\tau_i \tau_j)$. Ce graphe est appelé le *Graphe de Coxeter* de (W, E). Afin de s'implifier visuellement ce graphe nous enlevons toutes les arêtes étiquetées 1, car tous nos générateurs sont des involutions, $(\tau_i \tau_j) = e$, donc implique $i = j$. Nous pouvons donc enlever les arêtes étiquetées 1 sans perdre d'informations. Toujours afin de simplifier visuellement le graphe nous enlevons les arêtes étiquetés par le chiffre 2. Si deux sommets distincts ne sont pas reliés par une arête, cela signifie que les générateurs qu'ils représentent

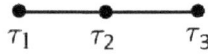

$$\tau_1 \quad\quad \tau_2 \quad\quad \tau_3$$

Figure 2.1 Graphe de Coxeter de S_4

commutes entre eux. La dernière simplification est d'enlever les étiquettes 3. Nous enlevons seulement les étiquettes et non les arêtes. Avec ces trois simplifications, nous n'avons perdu aucune information et le graphe est plus légé.

Considérons l'exemple de $S_4 = \langle \tau_1, \tau_2 | (\tau_i \tau_i)^2 = (\tau_1 \tau_2)^3 = (\tau_2 \tau_3)^3 = (\tau_1 \tau_3)^2 = e \rangle$. Nous pouvons voir son graphe de Coxeter dans la Figure 2.1.

Notons que toute l'information nécessaire pour construire un système de Coxeter (donc construire le groupe W) est contenue dans son graphe de Coxeter, car il contient tous les générateurs et leurs relations. L'étude des graphes de Coxeter nous permet de classer et de trouver tous les groupes de Coxeter (20). Ils peuvent s'exprimer comme l'un des graphes suivants (Voir Figure 2.2) ou comme un produit de ces graphes.

Les systèmes de Coxeter de type A sont les groupes symétriques avec comme choix de générateurs les transpositions $(i, i+1)$. Il a été prouvé que les groupes de type C sont exactement les mêmes que ceux de type B. Certains utilisent encore la notation C_n au lieu de B_n. Le groupe diédrale est noté $I_2(n)$, mais par abus de langage certains le note I_n où n représente l'ordre de la relation plutôt que le nombre de générateurs comme pour les autres types de groupes.

2.3 Associaèdre de type A, partie I

Nous allons considérer un ensemble de triangulations et nous allons définir une relation $\sim$ sur cet ensemble. Nous allons montrer que le graphe de $\sim$ est le 1-squelette du

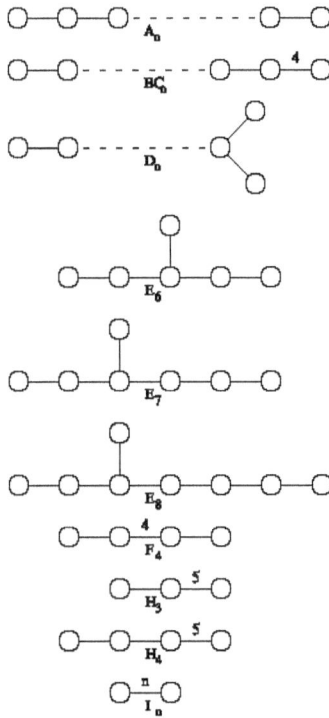

Figure 2.2 Systèmes de Coxeter (20)

polytope de Stasheff. Pour ce faire, nous allons construire des réalisations d'un polytope $\Pi^{\mathcal{A}}$. Nous montrerons que le 1-squelette de $\Pi^{\mathcal{A}}$ est le graphe de $\sim$. Finalement, nous montrerons que dans un cas particulier, il y a une réalisation de $\Pi^{\mathcal{A}}$ qui est la réalisation de Loday que nous avons donnée au chapitre 1. Donc, par la proposition 1.2.3, $\Pi^{\mathcal{A}}$ est le polytope de Stasheff. Comme le polytope de Stasheff est en lien avec le groupe symétrique, nous dirons qu'il est l'associaèdre du système de Coxeter de type A. Lorsque nous parlerons du groupe symétrique, nous allons toujours utiliser le système de Coxeter de type A. Notons que le système A_{n-1} correspond à S_n. Nous allons cependant diviser cette section en deux pour mieux structurer le texte. Dans la première partie, nous présenterons le polytope $\Pi^{\mathcal{A}}$ et nous donnerons une famille de réalisations. Dans la deuxième partie, nous allons faire la preuve que $\Pi^{\mathcal{A}}$ est l'associaèdre tel que nous l'avons vu au premier chapitre.

Soit Γ_{n-1} le graphe de Coxeter de A_{n-1}. Nous notons par $\mathcal{A}$ une orientation des arêtes de Γ_{n-1}. Chaque orientation nous donnera une réalisation différente de l'associaèdre de type A.

Nous allons séparer les éléments de $[n] = \{1, 2, ..., n\}$ en éléments *bas* et *haut* selon $\mathcal{A}$. Si l'arête $\{\tau_{i-1}, \tau_i\}$ est orientée de τ_{i-1} à τ_i, alors i fait partie de l'ensemble bas de $\mathcal{A}$, noté $B^{\mathcal{A}}$. Sinon, il fait partie de l'ensemble haut de $\mathcal{A}$, noté $H^{\mathcal{A}}$. Par convention, nous décidons que 1 et n sont des éléments de $B^{\mathcal{A}}$.

Soit P_{n+2} le polygone régulier à $n + 2$ sommets. Nous notons $P_{n+2}^{\mathcal{A}}$, l'étiquetage des sommets de P_{n+2} selon $\mathcal{A}$. Sans perte de généralité, nous choisissons un sommet quelconque de P_{n+2} et nous l'étiquetons 0. En parcourant les sommets du polygone en sens antihoraire à partir du sommet 0, nous étiquetons les sommets par les éléments de $B^{\mathcal{A}}$ en les plaçant en ordre croissant. Lorsque nous avons placé tous les éléments de $B^{\mathcal{A}}$, nous étiquetons le prochain sommet par $n + 1$. Toujours en parcourant le polygone en sens antihoraire, les sommets suivants sont étiquetés par les éléments de $H^{\mathcal{A}}$ en ordre décroissant.

De façon pratique, il y a une technique facile pour créer $P_{n+2}^{\mathcal{A}}$. Soit $\mathcal{A}$ une orientation du graphe de A_{n-1}, nous plaçons un sommet étiqueté 0 à gauche du graphe et nous

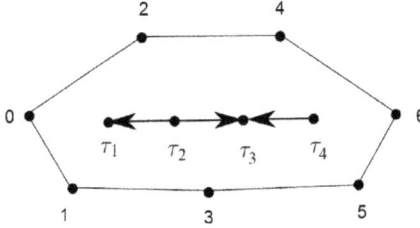

Figure 2.3 $P_7^{\mathcal{A}}$

plaçons un sommet étiqueté $n + 1$ à sa droite. Nous plaçons le sommet 1 en bas de l'arête imaginaire entre le sommet 0 et le sommet τ_1. Nous faisons de même pour placer le sommet n par rapport au sommet τ_{n-1} et $n + 1$. Par la suite, si l'arête $\{\tau_{i-1}, \tau_i\}$ est orientée de τ_{i-1} à τ_i, alors nous plaçons le sommet i en bas de l'arête $\{\tau_{i-1}, \tau_i\}$. Dans le cas contraire, nous plaçons le sommet i en haut de l'arête $\{\tau_{i-1}, \tau_i\}$. Il ne reste plus qu'à relier en sens antihoraire les sommets ne faisant pas partie de $\mathcal{A}$. Pour l'exemple de $\mathcal{A}_4$ voir Figure 2.3.

Remarquons que pour tout $i \in [n]$, il existe toujours une droite d passant par le sommet i qui sépare les sommets de $P_{n+2}^{\mathcal{A}}$ tel que l'ensemble des sommets plus grands que i soit séparé de l'ensemble des sommets plus petits que i.

Soit P_{n+2} un polygone régulier avec $n + 2$ sommets qui sont étiquetés selon une orientation $\mathcal{A}$ quelconque par l'ensemble $\{s_0, s_1, ..., s_{n+1}\}$. Une *triangulation* T sur P_{n+2}, noté $T(P_{n+2})$, est un ensemble de $n - 1$ diagonales ne se croisant pas. Le triangle formé par les diagonales $\{s_i, s_j\}, \{s_i, s_k\}, \{s_j, s_k\}$ tel que $0 \le i < j < k \le n + 1$ est noté par $s_i s_j s_k$. En fait, ce triangle ne dépend que de l'entier j et nous le noterons

$\Delta_j(T)$. La preuve de l'unicité de ce triangle se fait par l'absurde, c'est-à-dire, on suppose qu'il existe un triangle $\Delta'_j(T)$ tel que $0 \le i' < j < k' \le n+1$; on montre alors que dans tous les cas i, i', k, k' bas ou haut ainsi que $i < i'$ ou $i > i'$ la diagonale formant la base de $\Delta'_j(T)$ ou de $\Delta_j(T)$ va croiser l'une des arêtes de l'autre triangle.

Nous pouvons alors écrire $T = \{\Delta_1(T), \Delta_2(T), ..., \Delta_n(T)\}$. Notons que $T(P_{n+2})$ contient exactement n triangles et qu'il n'y en a aucun étiqueté 0 ou $n+1$.

L'ensemble des triangulations sur $P^{\mathcal{A}}_{n+2}$ est noté $\mathcal{T}^{\mathcal{A}}$.

Notre but maintenant est de trouver une fonction qui à une triangulation d'un polygone à $n+2$ sommets associe un point de $\mathbb{R}^n$.

Soit $T \in \mathcal{T}^{\mathcal{A}}$ une triangulation et soit $s_i s_j s_k$ un triangle de T. Nous notons $d^{\mathcal{A}}_j(T)$ le nombre d'arêtes dans le chemin partant du sommet j et allant au sommet k en passant que par des arêtes de P et dont les sommets rencontrés sont strictement plus grands que j. De même, notons $g^{\mathcal{A}}_j(T)$ le nombre d'arêtes dans le chemin partant du sommet j et allant au sommet i en passant que par des arêtes de P et dont les sommets rencontrés sont strictement plus grands que j. Notons que la façon dont nous étiquetons les sommets de $P^{\mathcal{A}}_{n+2}$ nous garantit l'unicité et l'existence de tels chemins. De façon plus générale, nous définissons la mesure entre le sommet a et le sommet b, $\mu_a(b)$, comme étant la longueur du chemin sur $P^{\mathcal{A}}_{n+2}$ entre a et b tel que les sommets du chemin sont plus petits (respectivement plus grands) que a si b est plus petit (respectivement plus grand) que a. Nous définissons alors :

$$d^{\mathcal{A}}_j(T) = \max_{\substack{b>a \\ \{a,b\}\in T}} \{\mu_a(b)\}$$

et

$$g^{\mathcal{A}}_j(T) = \max_{\substack{b<a \\ \{a,b\}\in T}} \{\mu_a(b)\}.$$

Notons que cette mesure est bien définit, car les étiquettes de T sont en ordre croissant dans un sens et décroissant dans l'autre.

Définition 2.3.1. Soit $T \in \mathcal{T}^{\mathcal{A}}$. Nous définissons le *poids* du triangle $\Delta_j(T)$ comme étant égale au produit de $g^{\mathcal{A}}_j(T)$ et de $d^{\mathcal{A}}_j(T)$, nous le notons $\omega^{\mathcal{A}}_j(T)$.

À un triangle j, nous lui associons une coordonnée x_j de la façon suivante :

$$x_j^{\mathcal{A}}(T) = \left\{ \begin{array}{ll} \omega_j^{\mathcal{A}}(T) & si \; j \; \in \; B^{\mathcal{A}} \\ n+1-\omega_j^{\mathcal{A}}(T) & si \; j \; \in \; H^{\mathcal{A}} \end{array} \right. .$$

Comme pour les arbres binaires, nous avons une fonction C qui nous permet de donner des coordonnées à une triangulation. Soit $T \in \mathcal{T}^{\mathcal{A}}$ une triangulation, alors $C(T) = (x_1^{\mathcal{A}}(T), x_2^{\mathcal{A}}(T), ..., x_n^{\mathcal{A}}(T))$. La Figure 2.4 montre un exemple. Dans cet exemple, l'ensemble $H^{\mathcal{A}} = \{2\}$. Le résultat final de cet exemple est $C(T) = (3, 5 - 1, 1, 2) = (3, 4, 1, 2)$.

Définition 2.3.2. Soit $\Pi^{\mathcal{A}}$ le polytope qui a pour réalisation l'enveloppe convexe de l'ensemble $\{C(T) \mid T \in \mathcal{T}^{\mathcal{A}}\}$.

2.4 Associaèdre de type A, partie II

Maintenant nous allons définir un graphe et montrer que ce graphe est le 1-squelette de $\Pi^{\mathcal{A}}$. Suite à cela nous montrerons que $\Pi^{\mathcal{A}}$ est l'associaèdre tel que nous l'avons vu au premier chapitre.

Définition 2.4.1. Soit $T \in \mathcal{T}^{\mathcal{A}}$, soit $D = \{a, c\}$ une diagonale de T. Remarquons qu'il existe deux uniques sommets b, d tel que D soit une diagonale du quadri-latère $\{a, b\}, \{b, c\}, \{c, d\}, \{d, a\}$. Par définition d'une triangulation, la diagonale $D' = \{b, d\}$ ne fait pas partie de T. Le *flip* de D est une transformation qui en-voie la triangulation T sur la triangulation T' en remplaçant la diagonale D par la diagonale D'. Nous notons cette transformation $T \sim_D T'$. Remarquons que $\sim$ est une involution. La cloture transitive et réflexive de cette opération est une relation. De plus, il est clair que le graphe de cette relation est connexe. C'est à dire que pour toute paire de triangulation $T, T' \in \mathcal{T}^{\mathcal{A}}$, il existe une suite de triangulations telle que $T \sim T_1 \sim T_2 ... T_k \sim T'$.

Proposition 2.4.2. *Le graphe de la raletion $\sim$ sur les éléments de $\mathcal{T}^{\mathcal{A}}$ est le 1-squelette de $\Pi^{\mathcal{A}}$.*

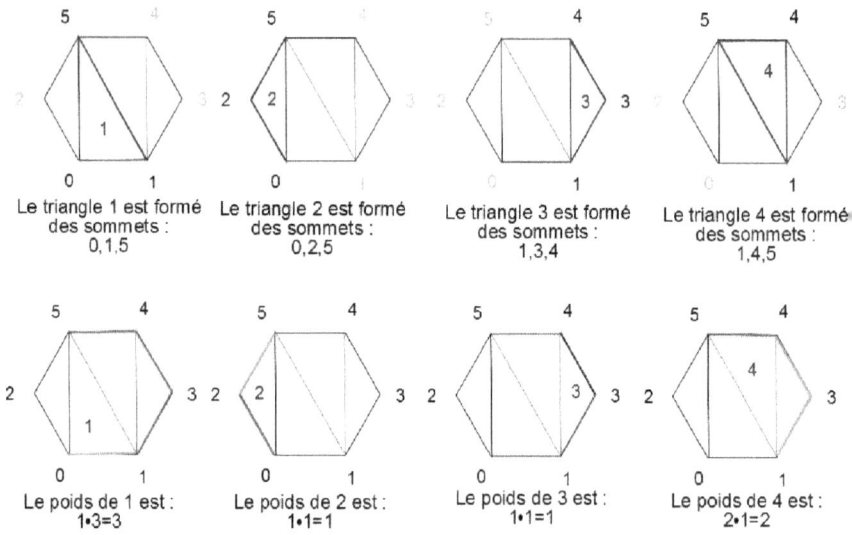

Figure 2.4 Coordonnées d'une triangulation

Avant de prouver cette proposition, nous avons besoin de plusieurs définitions et résultats intermédiaires. La plupart de ces preuves sont calculatoires ou constructives. Pour certaines, nous ne donnerons que les idées générales. Dans tous les cas, le lecteur peut se référer à l'article (6).

Lemme 2.4.3. *Soit $T \in \mathcal{T}^{\mathcal{A}}$, soit $a < b < c < e$ quatre sommets formant un quadrilatère Q, soit D et D' les deux diagonales de Q. Soit $T' \in \mathcal{T}^{\mathcal{A}}$ tel que $T \sim_D T'$. Posons $C(T) = (x_1, x_2, ..., x_n)$ et $C(T') = (y_1, y_2, ..., y_n)$. Alors $x_i = y_i$ pour tout $i \in [n] \setminus \{b, c\}$ et $x_b + x_c = y_b + y_c$.*

Démonstration. De la façon dont nous avons défini le triangle j d'une triangulation, il est clair que $x_j = y_j$ pour tout j n'étant pas dans $\{a, b, c, e\}$. Nous avons quatre cas à considérer. Nous définissons l'ensemble $\overline{B^{\mathcal{A}}}$ comme étant égale à $B^{\mathcal{A}} \cup \{0, n + 1\}$. Rappelons que nous avons défini la mesure entre le sommet a et le sommet b, $\mu_a(b)$, comme étant la longueur du chemin sur $P^{\mathcal{A}}_{n+2}$ entre a et b tel que les sommets du chemin sont plus petits (respectivement plus grands) que a si b est plus petit (respectivement plus grand) que a.

Cas 1 : $b, c \in \overline{B^{\mathcal{A}}}$.

Le quadrilatère Q se trouve à être composé des arêtes $\{a, b\}, \{b, c\}, \{c, e\}, \{e, a\}$, à cause de la façon dont nous étiquetons les sommets de $P^{\mathcal{A}}$. Les diagonales sont donc $\{a, c\}$ et $\{b, e\}$. Sans perte de généralité, posons $D = \{a, c\}$. Comme $\{e, a\} \in Q$, alors $g_e = \mu_e(a)$ et le sommet f tel que $d_e = \mu_e(f)$ n'est pas dans Q. Donc x_e n'est pas affecté par $\sim_D$ ou $\sim_{D'}$. De même pour x_a.

Nous avons que $\mu_c(a) = \mu_b(a) + \mu_c(b)$ et $\mu_b(c) = \mu_b(c) + \mu_c(e)$. Donc :

$$
\begin{align}
x_b + x_c &= \mu_b(a)\mu_b(c) + \mu_c(a)\mu_c(e) \tag{2.1} \\
&= \mu_b(a)\mu_b(c) + (\mu_b(a) + \mu_c(b))\mu_c(e) \tag{2.2} \\
&= \mu_b(a)(\mu_b(c) + \mu_c(e)) + \mu_c(b)\mu_c(e) \tag{2.3} \\
&= \mu_b(a)\mu_b(e) + \mu_c(b)\mu_c(e) \tag{2.4} \\
&= y_b + y_c. \tag{2.5}
\end{align}
$$

Cas 2 : $b \in \overline{B^{\mathcal{A}}}, c \in H^{\mathcal{A}}$.

Le quadrilatère Q se trouve à être composé des arêtes $\{a,b\}, \{b,e\}, \{e,c\}, \{c,a\}$, à cause de la façon dont nous étiquetons les sommets de $P^{\mathcal{A}}$. Les diagonales sont donc $\{a,e\}$ et $\{b,c\}$. Sans perte de généralité, posons $D = \{a,e\}$. Comme $\{e,c\}$ ou $\{e,b\} \in Q$ (dépendamment si e est haut ou bas), alors $g_e = \mu_e(c)$ ou $\mu_e(b)$ et le sommet f tel que $d_e = \mu_e(f)$ n'est pas dans Q. Donc x_d n'est pas affecté par $\sim_D$ ou $\sim_{D'}$. De même pour x_a.

Nous avons que $\mu_c(a) = \mu_c(b) - \mu_b(a)$ et $\mu_b(c) = \mu_b(e) + \mu_c(e)$. Donc :

$$
\begin{aligned}
x_b + x_c &= \mu_b(a)\mu_b(e) + (n+1 - \mu_c(a)\mu_c(e)) & (2.6)\\
&= \mu_b(a)\mu_b(e) + n + 1 - (\mu_c(b) - \mu_b(a))\mu_c(e) & (2.7)\\
&= \mu_b(a)(\mu_b(e) + \mu_c(e)) + n + 1 - \mu_c(b)\mu_c(e) & (2.8)\\
&= \mu_b(a)\mu_b(c) + n + 1 - \mu_c(b)\mu_c(e) & (2.9)\\
&= y_b + y_c. & (2.10)
\end{aligned}
$$

Cas 3 : $c \in \overline{B^{\mathcal{A}}}, b \in H^{\mathcal{A}}$.

Cas 4 : $b, c \in H^{\mathcal{A}}$.

Les cas 3 et 4 sont similaires au cas 2. $\qquad\square$

Corollaire 2.4.4. *Soit $T \in \mathcal{T}^{\mathcal{A}}$ et $C(T) = (x_1, x_2, ..., x_n)$. Alors $\sum_{i \in [n]} x_i$ est invariant sous la relation $\sim$.*

La preuve de ce corollaire est directe à partir du précédent lemme.

Définition 2.4.5. Soit la fonction $K^{\mathcal{A}}(D)$ qui envoie une diagonale $D = \{a,b\}$ de $T \in \mathcal{T}^{\mathcal{A}}$ dans un sous-ensemble de $[n]$.

$$
K^{\mathcal{A}}(D) := \begin{cases}
\{i \in B^{\mathcal{A}} | a < i < b\} & si\ a,b \in \overline{B^{\mathcal{A}}}\ (cas\ 1)\\
\{i \in B^{\mathcal{A}} | a < i\} \cup \{i \in H^{\mathcal{A}} | b \leq i\} & si\ a \in \overline{B^{\mathcal{A}}} et\ b \in H^{\mathcal{A}}\ (cas\ 2)\\
\{i \in B^{\mathcal{A}} | b > i\} \cup \{i \in H^{\mathcal{A}} | a \geq i\} & si\ b \in \overline{B^{\mathcal{A}}} et\ a \in H^{\mathcal{A}}\ (cas\ 3)\\
B^{\mathcal{A}} \cup \{i \in H^{\mathcal{A}} | a \leq i\ ou\ b \leq i\} & si\ a,b \in H^{\mathcal{A}}\ (cas\ 4)
\end{cases}
$$

En mots simples, la fonction $K^{\mathcal{A}}(D)$ est la liste obtenue en lisant en sens antihoraire les étiquettes de P en partant du sommet a, en terminant au sommet b et en enlevant les sommets $0, n+1, \{a, b\} \cap B^{\mathcal{A}}$ de la liste.

Soit $\mathcal{H}_K$ les demi-espaces de la réalisation classique du permutoèdre de type A.

$$\mathcal{H}_K = \{x \in \mathbb{R}^n | (n-k) \sum_{i \in K} x_i - k \sum_{i \in [n] \setminus K} x_i + \frac{nk(n-k)}{2} \geq 0\}$$

.

Définition 2.4.6. Le demi-espace $\mathcal{H}_K$ est admissible selon $\mathcal{A}$ s'il existe une diagonale D de $P^{\mathcal{A}}$ tel que $K = K^{\mathcal{A}}(D)$.

Corollaire 2.4.7. *Soit* $T \in \mathcal{T}^{\mathcal{A}}$ *et* $C(T) = (x_1, x_2, ..., x_n)$. *Soit* D *et* D' *deux diagonales de* T. *Posons* T' *tel que* $T \sim_{D'} T'$ *et* $C(T') = (y_1, y_2, ..., y_n)$. *Alors* $\sum_{i \in K^{\mathcal{A}}(D)} x_i = \sum_{i \in K^{\mathcal{A}}(D)} y_i$.

Démonstration. La diagonale D et D' sont toutes deux dans la même triangulation, donc elles ne se croisent pas. Donc, $D' \in K^{\mathcal{A}}(D)$ ou $D' \notin K^{\mathcal{A}}(D)$. Posons Q le quadrilatère a, b, c, d, qui contient D' comme diagonale. Il est clair que si D ne fait pas partie de Q, alors $b, c \in K^{\mathcal{A}}(D)$ ou $b, c \notin K^{\mathcal{A}}(D)$. Si $D \in Q$, alors il faut observer les quatre cas possibles et obtenir la conclusion $b, c \in K^{\mathcal{A}}(D)$ ou $b, c \notin K^{\mathcal{A}}(D)$. $\square$

Lemme 2.4.8. *Pour toute orientation* $\mathcal{A}$, *il existe deux triangulations* T, T' *de* $\mathcal{T}^{\mathcal{A}}$ *tel que* $C(T) = (1, 2, ..., n)$ *et* $C(T') = (n, n-1, ..., 1)$.

La preuve de ce lemme est constructive. L'idée est de construire des ensembles $U = \{1, 2, ..., u\}$ et $V = \{n, n-1, ..., n-v\}$ et de montrer, pour ces ensembles, qu'il existe une diagonale D et une diagonale D' tel que $K(D) = U$ et $K(D') = V$. Par la suite il faut calculer et voir que la triangulation contenant ces diagonales donne bien le résultat voulu.

Corollaire 2.4.9. *Le polytope* $\Pi^{\mathcal{A}}$ *est de dimension* $n-1$ *ou moins, pour* $\mathcal{A}$ *une orientation du graphe de Coxeter de* A_{n-1}.

Démonstration. En effet, la somme des coordonnées des éléments $C(T)$ est fixe sous l'action de $\sim$ et nous savons qu'il existe un T tel que $C(T) = (1, 2, ..., n)$. Donc les réalisations de $\Pi^{\mathcal{A}}$ sont contenues dans l'hyperplan $H = \{x \in \mathbb{R}^n | \sum_{i \in [n]} x_i = \frac{n(n+1)}{2}\}$. □

Lemme 2.4.10. *Soit $T \in \mathcal{T}^{\mathcal{A}}$ et D une diagonale. Alors :*
1) $D \in T$ si et seulement si $C(T) \in H_{K^{\mathcal{A}}(D)}$,
2) $C(T) \in \mathcal{H}^+_{K^{\mathcal{A}}(D)}$ si $D \notin T$,
3) $\{C(T)\} = H \cap \bigcap_{D \in T} H_{K^{\mathcal{A}}(D)}.$

Il faut premièrement montrer que

$$\sum_{i \in K^{\mathcal{A}}(D)} x_i = \frac{d(d+1)}{2},$$

où d est la cardinalité de $K^{\mathcal{A}}(D)$. Ce résultat se montre en faisant des constructions similaires à celles faites au lemme 2.3.9 selon chacun des quatre cas. Ensuite, il en découle que

$$\sum_{i \in K^{\mathcal{A}}(D)} x_i < \sum_{i \in K^{\mathcal{A}}(D)} y_i$$

où $T \sim_D T'$, $(C(T) = (x_1, x_2, ..., x_n)$ et $C(T') = (y_1, y_2, ..., y_n)$. Ceci demande encore de faire des calculs cas par cas. Ensuite, nous montrons que si $D \notin T$, alors

$$\sum_{i \in K^{\mathcal{A}}(D)} x_i > \frac{d(d+1)}{2}.$$

Il faut observer que si $D \notin T$, alors il existe un ensemble fini de diagonale $D_1, D_2, ...D_k \in T$ qui intersecte D. En appliquant une série de flip et en faisant un peu de cas par cas selon les intersections de $K^{\mathcal{A}}(D)$ et de $K^{\mathcal{A}}(D_i)$, nous obtenons ce résultat. Ces trois calculs nous permettent de conclure les deux premiers points du lemme. Pour le troisième point, il suffit de remarquer que $dim(H \cap \bigcap_{D \in T} \mathcal{H}_{K^{\mathcal{A}}(D)}) \leq 0$ et d'utiliser le premier point.

Remarquons que cela nous garantit que les sommets de la réalisation de $\Pi^{\mathcal{A}}$ sont exactement les $C(T)$ pour $T \in \mathcal{T}^{\mathcal{A}}$.

Lemme 2.4.11. *Deux sommets $C(T)$ et $C(T')$ de la réalisation de $\Pi^{\mathcal{A}}$ sont reliés par une arête si et seulement si il existe une digonale D tel que $T \sim_D T'$.*

Démonstration. Soit a, b, c, d les sommets du quadrilatère dont $D = \{a, c\}$ est une diagonale. Nous savons que toutes les coordonnées de $C(T) = (x_1, x_2, ..., x_n)$ et de $C(T') = (y_1, y_2, ..., y_n)$ sont identiques sauf pour x_b, x_c, y_b, y_c. Comme les coordonnées de $C(T)$ et de $C(T')$ sont identiques sauf en deux coordonnées, alors ces deux sommets vivent dans un espace E de dimension $n - 2$. Cependant, la réalisation de $\Pi^{\mathcal{A}}$ est de dimension $n - 1$ ou moins, il reste donc au plus un degré de liberté à l'intersection I entre la réalisation de $\Pi^{\mathcal{A}}$ et le complémentaire de E. Comme $C(T)$ et $C(T')$ sont distincts, alors I est de dimension 1. Donc il existe une arête entre $C(T)$ et $C(T')$ s'il existe une diagonale D tel que $T \sim_D T'$. Il reste à démontrer l'autre sens du si et seulement si. Soit deux sommets $C(T)$ et $C(T')$ tel qu'il n'existe pas de diagonale D tel que $T \sim_D T'$. Sans perte de généralité supposons que $T \sim_{D_1} T_1 \sim_{D_2} T'$. Nous savons maintenant que $C(T)$ et $C(T')$ sont inclus dans un espace E de dimension 2, car nous savons, grâce aux points 1 et 3 du lemme précédent, que trois sommets de $\Pi^{\mathcal{A}}$ ne peuvent pas être colinéaires. Soit la triangulation T_1' est la triangulation tel que $T \sim_{D_2} T_1'$. De même que pour T', nous avons que la triangulation T'', tel que $T \sim_{D_2} T_1' \sim_{D_1} T''$, est aussi contenue dans E. Nous savons donc que T' est inclus dans $\mathcal{H}^+_{K^{\mathcal{A}}(D_1)}$ et $\mathcal{H}^+_{K^{\mathcal{A}}(D_2)}$. Comme $\{C(T)\}$ est l'unique point tel que $\{C(T)\} = E \cap H_{K^{\mathcal{A}}(D_1)} \cap H_{K^{\mathcal{A}}(D_2)}$, nous pouvons affirmer que le segment $[(C(T), C(T')]$ n'est pas une arête de l'intersection entre $\Pi^{\mathcal{A}}$ et E. $\qquad\square$

Remarquons qu'une triangulation d'un polygone régulier à $n + 2$ sommets contient exactement $n - 1$ arêtes. La dernière preuve implique donc que $\Pi^{\mathcal{A}}$ est de dimension $n - 1$.

Nous venons donc de montrer que le graphe de $\sim$ est le 1-squelette de $\Pi^{\mathcal{A}}$, mais aussi que $\Pi^{\mathcal{A}}$ est un polytope simple de dimension $n - 1$. Le 1-squelette est donc suffisant pour définir $\Pi^{\mathcal{A}}$.

Comme la relation $\sim$ ne dépend pas de l'orientation $\mathcal{A}$, alors le graphe de $\sim$ est le 1-squelette de $\Pi^{\mathcal{A}}$ pour toutes orientations $\mathcal{A}$ de A_{n-1}. Donc les polytopes $\Pi^{\mathcal{A}}$ sont en fait un seul et même polytope.

Théorème 2. *Le polytope $\Pi^{\mathcal{A}}$ est le polytope $Asso_{n-1}$ pour toute orientation $\mathcal{A}$ de*

A_{n-1}.

Nous allons montrer que pour une certaine orientation $\mathcal{A}$, la réalisation de $\Pi^{\mathcal{A}}$ est la réalisation de Loday de $Asso_{n-1}$. Ce qui impliquera directement que $\Pi^{\mathcal{A}} = Asso_{n-1}$. Suite à cela, nous noterons ce polytope $Asso(A_{n-1})$.

Proposition 2.4.12. *Si* $\forall i \in [n-1]$ *l'arête* $\{\tau_{i-1}, \tau_i\}$ *du graphe de* A_{n-1} *est orientée de* τ_{i-1} *vers* τ_i, *alors l'enveloppe convexe de* $\{C(T)|T \in \mathcal{T}^{\mathcal{A}}\}$ *est la réalisation classique de l'associaèdre. Nous appelons cette orientation, l'orientation triviale.*

Nous allons introduire quelques définitions préalables avant de démontrer cette proposition.

Définition 2.4.13. Pour chaque triangle dans le plan, nous définissons un *côté gauche*, un *côté droit* et une *base*. La base est une arête quelconque du triangle que nous choisissons. Le côté droit est l'arête qui partage le sommet droit de la base en regardant de l'intérieur du triangle. De même, le côté gauche est l'arête du triangle qui partage le sommet gauche de la base en regardant de l'intérieur du triangle.

Définition 2.4.14. Soit T une triangulation et Δ_j un triangle de T, nous allons considérer son 1-squelette pour définir une *sous-triangulation droite*, Δ_j^d, une *sous-triangulation gauche*, Δ_j^g, et une *sous-triangulation de base*, Δ_j^b. Une *sous-triangulation* de T est un sous-graphe de T qui satisfait la définition d'une triangulation. La relation d'ordre que nous utilisons sur les graphes est la relation d'inclusion. La sous-triangulation droite de T selon Δ est la plus grande sous-triangulation de T qui contient le côté droit de Δ, mais ni la base ni le côté gauche. De même pour la sous-triangulation gauche et la sous-triangulation de base. Remarquons qu'une arête seule est une triangulation. Voir Figure 2.5 pour un exemple.

Il est bien connu que les arbres binaires sont en bijection avec les triangulations, nous donnerons ici la bijection ainsi que son inverse. Soit T une triangulation ayant une arête particulière sur son bord, que nous appelons *arête de base* de T. Nous créons un nœud r dans le triangle Δ_b contenant l'arête de base de T, ce nœud sera la racine

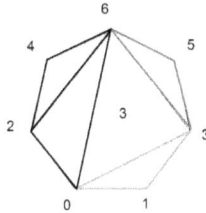

Figure 2.5 Sous-triangulations

Posons la base du triangle 3 comme l'arête $\{0, 6\}$.

de l'arbre. Si Δ_b n'est pas une arête, nous créons deux arêtes partant de r, l'*arête droite* croisera le côté droit de Δ_b et l'*arête gauche* croisera le côté gauche. Si la sous-triangulation droite (respectivement gauche) est une arête alors nous attachons une feuille au bout de l'arête droite (resp. gauche). Si la sous-triangulation droite (resp. gauche) n'est pas une arête, alors l'arête de base de la sous-triangulation droite (resp. gauche) sera l'arête droite (resp. gauche) de Δ_b et nous recommençons le processus en attachant la racine de la sous-triangulation droite (resp. gauche) à l'arête droite (resp. gauche) de r. Comme il y a un nombre fini de triangles dans une triangulation, cet algorithme se termine. Nous notons cet algorithme $\psi(T)$.

Soit Y un arbre binaire, nous appelons sa racine r. Nous créons un triangle Δ_b autours de r tel que les 3 arêtes partant de r croisent exactement une arête de Δ_b (si r n'a pas de fils, alors Δ_b est une arête). L'arête de Δ_b qui croise l'arête symbolisant la racine sera la base de Δ_b. Si le fils droit (respectivement gauche) de r est une feuille, alors le côté droit (resp gauche) de Δ_b est une arête externe (une arête du polygone). Sinon, nous créons un nouveau triangle autour du fils droit (resp. gauche) dont la base sera le côté droit (resp. gauche) de Δ_b et nous recommençons le processus. Comme il y a un nombre fini de nœuds dans un arbre binaire, cet algorithme se termine. Notons cet algorithme $\psi^{-1}(T)$.

Visuellement ces deux algorithmes sont très simples, voir Figure 2.6 pour un exemple.

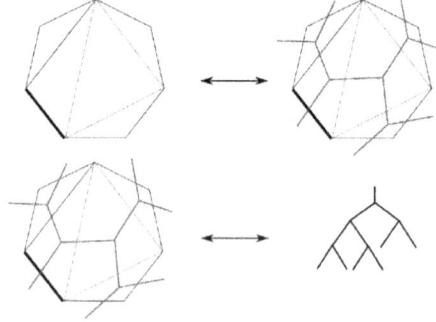

Figure 2.6 Bijection arbre binaire- triangulation

Démonstration. L'orientation triviale nous garantit que tous les éléments de $[n]$ seront dans $B^{\mathcal{A}}$. Soit $P^{\mathcal{A}}_{n+2}$, notons que ses sommets sont étiquetés en ordre croissant dans le sens antihoraire. Posons l'arête $\{0, n+1\}$ comme l'arête de base de toutes les triangulations sur $P^{\mathcal{A}}_{n+2}$. Rappelons nous que les premières étapes de $C : Y_{n+1} \to \mathbb{R}^n$ consistent à étiqueter les nœuds avec les éléments de 0 à n. Remarquons que la feuille de $\psi(T(P^{\mathcal{A}}_{n+2}))$ étiquetée i croise l'arête $\{i, i+1\}$ de $P^{\mathcal{A}}_{n+2}$.

Soit $\psi(\Delta_i) = a_j$ où a_j est le nœud de Y tel que a_j est étiqueté j par l'algorithme C sur Y. Nous voulons montrer que $\psi(\Delta_i) = a_j$ si et seulement si $i = j$. Nous allons faire cette preuve par récurrence sur i.

Étape de base ($i = 1$) : Soit le triangle Δ_1 formé des sommets $0 < 1 < k \leq n+1$. La feuille 0 croise l'arête $\{0, 1\}$ de Δ_1. Comme le nœud 1 est le premier à être étiqueté, il sera le premier nœud rencontré en partant de la feuille 0. Le nœud 1 est donc à l'intérieur du triangle Δ_1.

Étape de récurrence : Supposons que $\forall i < l$, $\psi(\Delta_i) = a_j$ si et seulement si $i = j$. Soit le triangle Δ_l formé des sommets $0 \leq i < l < k \leq n+1$. La base de ce triangle est l'arête $\{i, k\}$, le côté gauche est l'arête $\{i, l\}$ et le côté droit est l'arête $\{k, l\}$. Remarquons que le sous-arbre $\psi(\Delta_j^d)$ et le sous-arbre $\psi(\Delta_j^g)$ sont disjoints. Selon notre définition de ψ, le sommet permettant de connecter les deux sous-arbres, est le sommet $\psi(\Delta_j)$. La feuille $j-1$ croise l'arête $\{j-1, j\}$, elle fait donc partie de $\psi(\Delta_j^g)$. La feuille j croise l'arête $\{j, j+1\}$, elle fait donc partie de $\psi(\Delta_j^d)$. Donc tous les nœuds dans $\psi(\Delta_j^g)$ sont étiquetés entre i et l. Donc, par hypothèse de récurrence, tous les nœuds dans $\psi(\Delta_j^g)$ sont déjà étiquetés. En partant de la feuille $j-1$ et en allant vers la feuille j, le premier nœud non-étiqueté est donc le nœud $\psi(\Delta_j)$. Selon l'algorithme C le nœud $\psi(\Delta_j)$ est étiqueté j.

Nous venons donc de prouver que $\psi(\Delta_i) = a_j$ si et seulement si $i = j$.

Reste à montrer que $x_j(Y) = x_j^{\mathcal{A}}(T)$ pour tout j. Rappelons que $x_j(Y) = g_j d_j$ où g_j et d_j sont respectivement le nombre de feuilles dans le fils gauche et droit du nœud j. Dans le cas de l'orientation triviale, tous nos j sont dans $B^{\mathcal{A}}$, donc $x_j^{\mathcal{A}}(T) = g_j^{\mathcal{A}} d_j^{\mathcal{A}} \ \forall \ j$. Ramarquons que les sous-triangulations de base contiennent toujours l'arête $\{0, n+1\}$, donc les chemins utilisés pour le calcul de $g_j^{\mathcal{A}}$ et $d_j^{\mathcal{A}}$ ne passeront jamais par la sous-triangulation de base. $g_j^{\mathcal{A}}$ et $d_j^{\mathcal{A}}$ seront donc respectivement le nombre d'arêtes externes de T dans la sous-triangulation gauche et la sous-triangulation droite de j. Comme la feuille de $\psi(T(P_{n+2}^{\mathcal{A}}))$ étiqueté i croise l'arête $\{i-1, i\}$ de $P_{n+2}^{\mathcal{A}}$, nous pouvons affirmer qu'il y a exactement le même nombre de feuilles dans le fils gauche (respectivement droit) de j qu'il y a d'arêtes de $P_{n+2}^{\mathcal{A}}$ dans la sous-triangulation gauche (resp. droite) de J. Donc $g_j^{\mathcal{A}} = g_j$ et $d_j^{\mathcal{A}} = d_j$. Ce qui nous permet de conclure en disant que $x_j(Y) = x_j^{\mathcal{A}}(T)$ pour tout j.

Donc la réalisation selon l'orientation triviale de l'associaèdre généralisé de type A est la même que la réalisation de Loday de l'associaèdre.

$\square$

2.5 Associaèdre de type B

Regardons maintenant l'associaèdre de type B. Nous ne montrerons pas le cycloèdre tel qu'introduit la première fois, car cela nous prendrait trop de temps. Nous allons simplement poser les définitions et la construction combinatoire.

Le *groupe hyperoctaédrale* B_n est un sous-groupe de A_{2n-1}. Un élément σ de A_{2n-1} est dans B_n si et seulement si $\sigma(2n+1-i)+\sigma(i)=2n+1 \ \forall \ i \ \in \ [n]$. Nous choisissons l'ensemble de générateurs suivant pour exprimer $B_n : s_i = \tau_i\tau_{2n-i}, \ i \ \in \ [n-1]$ et $t = \tau_n$. Les relations de B_n sont $s_i^2 = t^2 = (ts_1)^4 = (s_is_i+1)^3 = e \ \forall i \ \in \ [n-1]$.

Comme B_n est un sous-groupe du groupe symétrique, nous allons étudier B_n à partir de A_{2n-1}.

Soit $\mathcal{A}$ une orientation du graphe de A_{2n-1}. Elle sera dite symétrique si l'arête $\{\tau_i,\tau_{i+1}\}$ et l'arête $\{\tau_{2n-i-1},\tau_{2n-i}\}$ sont orientées de façon inversées, c'est-à-dire que si l'arête $\{\tau_i,\tau_{i+1}\}$ est orientée de τ_i vers τ_{i+1}, alors l'arête $\{\tau_{2n-i-1},\tau_{2n-i}\}$ est orientée de τ_{2n-i} vers τ_{2n-i-1}.

Proposition 2.5.1. *Soit $\mathcal{B}$ une orientation du graphe de Coxeter de B_n, alors elle est en bijection avec une orientation symétrique $\mathcal{A}$ de A_{2n-1}.*

Démonstration. Notons que le graphe de B_n a $n-1$ arêtes et que le graphe de A_{2n-1} a $2n-2$ arêtes. Soit $\mathcal{B}$ une orientation du graphe de Coxeter de B_n et Γ_{2n-1} le graphe non-orienté de A_{2n-1}. Nous donnons à l'arête $\{\tau_n,\tau_{n+1}\}$ de Γ_{2n-1} l'orientation de l'arête $\{t,s_1\}$. Nous donnons à l'arête $\{\tau_{n+i},\tau_{n+i+1}\}$ l'orientation de l'arête $\{s_i,s_{i+1}\}$. Nous orientons la deuxième moitié des arêtes pour que l'orientation soit symétrique. Le lecteur peut facilement construire la fonction inverse. $\square$

Une orientation symétrique de Γ_{2n-1} sera noté $\mathcal{B}$.

Une triangulation sur $P_{2n+2}^{\mathcal{B}}$ est *centralement symétrique* si en tant que triangulation sur un polygone régulier à $2n+2$ sommets, elle est centralement symétrique. C'est à dire qu'il existe une réflexion r du groupe diédrale tel que $r(T) = T$. Nous notons l'ensemble de ces triangulations $\mathcal{T}^{\mathcal{B}}$.

Nous allons construire la relation $\sim^{\mathcal{B}}$ à partir de la relation $\sim$. Soit $T, T' \in \mathcal{T}^{\mathcal{B}}$, alors $T \sim_D^{\mathcal{B}} T'$ si $T \sim_D T'$ ou s'il existe une triangulation T'' tel que $T \sim_D T'' \sim_{D'} T'$. Remarquons que $T \sim_D T'$ si et seulement si D est le centre de T ou D est le centre de T'.

Remarquons que tous les sommets du graphe de $\sim^{\mathcal{B}}$ sont de degré n.

Le cycloèdre ou l'associaèdre de type B, $Asso(B_n)$, est le polytope de dimension n ayant comme 1-squelette le graphe de $\sim^{\mathcal{B}}$.

Théorème 3. *Soit $\mathcal{B}$ une orientation symétrique de A_{2n-1}, l'enveloppe convexe de*

$$\{C^{\mathcal{B}}(T) | T \in \mathcal{T}_{2n+2}^{\mathcal{B}}\}$$

est une réalisation de $Asso(B_n)$.

La preuve est similaire à celle du cas de type A. Il faut simplement prendre l'intersection d'une réalisation de $Asso(A_{2n-1})$ avec les hyperplans $H_i^{\mathcal{B}} = \{x \in \mathbb{R}^{2n} \mid x_i + x_{2n+1-i} = 2n+1\}$ pour obtenir une réalisation de l'associaèdre de type B.

44

CHAPITRE III

BARYCENTRE

Il existe plusieurs liens entre le permutoèdre et l'associaèdre. Des liens algébriques existent entre les structures de ces deux polytopes et il y a des liens géométriques entre leurs réalisations. Nous présenterons un invariant des réalisations des permuto-èdres et des associaèdres. L'étude des invariants nous permet de mieux comprendre les propriétés des objets liés aux associaèdres. Peu de choses sont connues à propos des réalisations que nous avons données. Par exemple, nous ne connaissons pas leur volume, leur nombre de points à coordonnées entières, leurs groupes d'isométrie etc. Seul sont connus leurs classes d'isométrie (2) et leurs *barycentres* (8).

Soit $Asso(A_n)$ un associaèdre de type A. Un invariant de $Asso(A_n)$ est une donnée qui ne change pas selon l'orientation du graphe de Dynkin de A_n.

En particulier, nous allons montrer que le barycentre, ou centre de gravité, de la réalisation de $Asso(A_n)$ est toujours le même pour toutes les orientations de Γ_n. Nous notons le barycentre d'un ensemble E, $G(E)$. De plus, nous montrerons que

$$G(Asso(\mathcal{A}_{2n-1})) = G(Asso(\mathcal{B}_n)) = G(Perm(A_{2n-1})) = G(Perm(B_n)).$$

Définition 3.0.2. Soit l'enveloppe convexe d'un ensemble E dans $\mathbb{R}^n$, alors le ba-rycentre $G(E)$ est le point tel que $\sum_{e \, \in \, E} \overrightarrow{G(E)e} = \overrightarrow{0}$. Nous pouvons aussi définir le barycentre d'un ensemble E dans $\mathbb{R}^n$, comme étant le point ayant comme coordon-nées la moyenne des coordonnées des points de E.

Proposition 3.0.3. *Le barycentre de la réalisation naturelle de $Perm(A_n)$ est le point $(\frac{n+1}{2}, \frac{n+1}{2}, ..., \frac{n+1}{2})$ pour tout n.*

Démonstration. Soit A_n le groupe symétrique et soit ω_0 la permutation qui envoie i sur $n+1-i$. La notation ω_0 est utilisée dans la théorie des groupes de Coxeter pour cet élément en particulier, cela n'a aucun lien avec la notation du poid d'un sommet. Comme chaque élément de A_n est une bijection de A_n vers A_n, nous pouvons donc affirmer que $\sigma Perm(A_n) = Perm(A_n)$, en particulier cela est vrai pour ω_0. Nous savons que $|A_n| = (n+1)!$, donc que la cardinalité de A_n est toujours paire pour $n > 1$. Nous allons coupler le sommet $C(\sigma)$ avec le sommet $C(\omega_0\sigma)$ et calculer la moyenne de leurs coordonnées.

$$
\begin{aligned}
C(\sigma) + C(\omega_0\sigma) &= (\sigma(1) + n + 1 - \sigma(1), \sigma(2) + n + 1 - \sigma(2), ..., \sigma(n+1) + n + 1 - \sigma(n \\
&= (n+1, n+1, ..., n+1).
\end{aligned}
$$

Le point milieu de $C(\sigma)$ et de $C(\omega_0\sigma)$ est donc $(\frac{n+1}{2}, \frac{n+1}{2}, ..., \frac{n+1}{2})$ $\forall$ $\sigma \in A_n$. Ce qui nous permet de conclure que $G(Perm(A_n)) = (\frac{n+1}{2}, \frac{n+1}{2}, ..., \frac{n+1}{2})$ pour tout n. $\qquad\square$

Pour calculer le barycentre des réalisations de $Asso(A_{n-1})$, nous aurons besoin de faire agir le groupe diédral sur les indices des sommets des triangulations. Notons que les réflexions changent l'orientation du plan, donc changent le sens de l'étiquetage des sommets. Cependant, remarquons que le calcul de $\omega_i^{\mathcal{A}}$ est indépendant du sens de l'étiquetage.

Nous notons par $\mathcal{O}(T)$ l'orbite de la triangulation T sous l'action du groupe diédral I_{n+2}.

Proposition 3.0.4. *Soit $T \in \mathcal{T}^{\mathcal{A}}$ et $j \in [n]$, alors $\displaystyle\sum_{T' \in \mathcal{O}(T)} \omega_j^{\mathcal{A}}(T') = (n+1)(n+2)$, où $\mathcal{A}$ est l'orientation triviale.*

Démonstration. Nous ferons cette preuve par récurrence.

Pour simplifier la lecture et l'écriture de cette preuve, nous ne marquerons pas le $\mathcal{A}$ dans nos notations, car il est clair ici que nous parlerons toujours de l'orientation triviale. Soit $T \in \mathcal{T}^{\mathcal{A}}$, nous notons les sommets du triangle $\Delta_j(T)$ par $A_{a_j(T)} < A_j < A_{b_j(T)}$. Soit H le sous-groupe des rotations de I_{n+2} et soit s une réflexion de I_{n+2}. Il est connu que H et sH forment une partition de I_{n+2}. Notons aussi que $|I_{n+2}| = n+2$.

Soit $s_k \in I_{n+2}$ la réflexion qui envoie le sommet A_x sur le sommet $A_{n+3+k-x}$ modulo $n+2$ sur les indices. En mots simples, c'est la réflexion qui envoie le sommet étiqueté A_0 sur le sommet étiqueté A_{k+1} et vice versa. Nous avons rajouté le A dans l'étiquetage des sommets pour des raisons d'écriture de la preuve, comme l'orientation $\mathcal{A}$ est fixe, il n'y aura aucune ambiguïté entre les sommets d'une triangulation et les systèmes de Coxeter de type A.

Étape de base $(j = 1)$: Nous savons que dans le cas $j = 1$ le sommet $A_{a_1(T)} = A_0$ pour toute triangulation T. Donc, $\omega_1(T) = (1-0)(b_1(T)-1) = b_1(T)-1$. Appliquons la réflexion s_0 à $\Delta_1(T)$:

$$s_0(\Delta_1(T)) = s_0(A_0 A_1 A_{b_1(T)}) = A_1 A_0 A_{n+3-b_1(T)}$$

Comme $0 < 1 < n+3-b_1(T)$, nous devons avoir $s_0(\Delta_1(T)) = \Delta_1(s_0 \cdot T)$. Nous obtenons donc que

$$\omega_1(T) + \omega_1(s_0 \cdot T) = (b_1(T) - 1) + (n+3 - b_1(T) - 1) = n+1$$

pour toute triangulation T. Donc,

$$
\begin{aligned}
\sum_{f \in I_{n+2}} \omega_1(f \cdot T) &= \sum_{g \in H} (\omega_1(g \cdot T) + \omega_1(s_0 \cdot (g \cdot T))) \\
&= \sum_{g \in H} n+1 \\
&= |H|(n+1) \\
&= (n+2)(n+1).
\end{aligned}
$$

Ce qui prouve le cas de base.

48

Étape de récurrence : Supposons que pour $1 \leq j < n$, nous avons $\sum\limits_{f \in I_{n+2}} \omega_j(f \cdot T) = (n+1)(n+2)$. Montrons que $\sum\limits_{f \in I_{n+2}} \omega_{j+1}(f \cdot T) = (n+1)(n+2)$.

Soit $r \in H$ tel que $r(A_{j+1}) = A_j$ (modulo $n+2$ sur les indices). Soit T une triangulation. Nous avons alors deux cas. Si $a_{j+1}(T) = 0$ alors $r(\Delta_{j+1}) \neq \Delta_j$, car $r(0) = n+1$ implique que $b_j(T) = r(a_{j+1}) \neq r(b_{j+1})$. Nous commencerons donc par le cas le plus simple ; le cas $a_{j+1}(T) > 0$. La difficulté de cette preuve sera de montrer que

$$\sum_{f \in I_{n+2}} \omega_{j+1}(f \cdot T) = \sum_{f \in I_{n+2}} \omega_j(f \cdot (r \cdot T))$$

pour les deux cas.

Cas 1 : Si $a_{j+1}(T) > 0$, alors $A_{a_{j+1}(T)} A_j A_{b_{j+1}(T)} = r(\Delta_{j+1}(T))$. Par unicité du triangle j, nous avons que $r(\Delta_{j+1}(T)) = \Delta_j(r \cdot T)$. Donc :

$$\begin{aligned}
\omega_{j+1}(T) &= (b_{j+1}(T) - (j+1))(j+1 - a_{j+1}(T)) \\
&= ((b_{j+1}(T) - 1) - j)(j - (a_{j+1}(T) - 1)) \\
&= \omega_j(r \cdot T)
\end{aligned}$$

En d'autres mots, nous venons de montrer que :

$$\sum_{\substack{f \in I_{n+2} \\ a_{j+1}(f \cdot T) \neq 0}} \omega_{j+1}(f \cdot T) = \sum_{\substack{f \in I_{n+2} \\ a_{j+1}(f \cdot T) \neq 0}} \omega_j(r \cdot (f \cdot T))$$
$$= \sum_{\substack{g \in I_{n+2} \\ b_j(g \cdot T) \neq n+1}} \omega_j(g \cdot T).$$

Cas 2 : Si $a_{j+1}(T) = 0$, alors le triangle $A_j A_{b_{j+1}(T)} A_{n+1} = r(\Delta_{j+1}(T))$. Notons que $r(\Delta_{j+1}(T))$ n'est clairement pas égal à $\Delta_j(r(T))$. En réalité, $r(\Delta_{j+1}(T)) =$

$\Delta_{b_{j+1}(T)-1}(r \cdot T)$.

Considérons la réflexion s_j et appliquons la à notre triangle $j+1$ de T.

$$s_j(\Delta_{j+1}(T)) = A_{j+1}A_0A_{n+3+j-b_{j+1}(t)} = \Delta_{j+1}(s_j \cdot T).$$

Pour que la dernière égalité soit vraie, nous avons besoin de montrer que $n+3+j-b_{j+1}(t) > j+1$ modulo $n+2$. Notons que la diagonale $\{0, j+1\}$ sépare T en deux. Une de ces deux sous-triangulation contient les éléments de $j+1$ à $n+1$. L'axe de la réflexion s_j est perpendiculaire à la diagonale $\{0, j+1\}$. Donc l'ensemble $\{j+1 \leq i \leq n+1\}$ est fixe sous s_j. Comme s_j est une bijection, alors $s_j(b_{j+1}(T)) \neq j+1$, car $s_j(0) = j+1$. Ce qui implique que $n+3+j-b_{j+1}(t) > j+1$.

Nous pouvons donc affirmer que :

$$\begin{aligned} \omega_{j+1}(T) + \omega_{j+1}(s_j \cdot T) &= (j+1-0)(b_{j+1}(T) - (j+1)) \\ &\quad + (j+1-0)(n+3+j-b_{j+1}(T) - (j+1)) \\ &= (j+1)(n+1-j). \end{aligned}$$

Maintenant, montrons que cette valeur est la même que $\omega_j(r \cdot T) + \omega_j(s_j \cdot (r \cdot T))$. Comme $r(\Delta_{j+1}(T)) = A_jA_{b_{j+1}(T)-1}A_{n+1} = \Delta_{b-j+1(T)-1}(r \cdot T)$, alors $\{j, n+1\}$ est une diagonale de $r \cdot T$. Donc $\Delta_j(r \cdot T) = A_{a_j(r \cdot T)}A_jA_{n+1}$.

Considérons la réflexion s_{j-2} et appliquons la à notre triangulation j de $r \cdot T$.

$$s_{j-2}(\Delta_j(r \cdot T)) = A_{n+1+j-a_j(r \cdot T)}A_jA_{n+1} = \Delta_j(s_{j-2} \cdot (r \cdot T)).$$

Pour que la dernière égalité soit vraie, nous avons besoin de montrer que $n+1+j-a_j(r \cdot T) < j$ modulo $n+2$. La preuve est similaire à celle que nous avons donnée pour montrer que $n+3+j-b_{j+1}(t) > j+1$ modulo $n+2$, cette fois-ci en utilisant la diagonale $\{0, j-1\}$. Notons que $n+1+j-a_j(r \cdot T) = j - a_j(r \cdot T) - 1$ modulo $n+2$.

Nous pouvons donc affirmer que :

$$
\begin{aligned}
\omega_j(r \cdot T) + \omega_j(s_{j-2} r \cdot T) &= (j - a_j(r \cdot T))(n+1-j) \\
&\quad + (a_j(r \cdot T) + 1)(n+1-j) \\
&= (j+1)(n+1-j).
\end{aligned}
$$

En d'autres mots, nous venons de montrer que :

$$
\begin{aligned}
\sum_{\substack{f \in I_{n+2} \\ a_{j+1}(f \cdot T)=0}} \omega_{j+1}(f \cdot T) &= \sum_{\substack{f \in H \\ a_{j+1}(f \cdot T)=0}} (\omega_{j+1}(f \cdot T) + \omega_{j+1}(s_j f \cdot T)) \\
&= \sum_{\substack{f \in H \\ a_{j+1}(f \cdot T)=0}} (j+1)(n+1-j) \\
&= \sum_{\substack{rf \in H \\ b_j(rf \cdot T)=n+1}} (\omega_j(rf \cdot T) + \omega_j(s_{j-2} rf \cdot T)) \\
&= \sum_{\substack{g \in H \\ b_j(g \cdot T)=n+1}} \omega_j(g \cdot T).
\end{aligned}
$$

Ce qui nous permet de dire, par hypothèse de récurrence, que

$$
\sum_{\substack{f \in I_{n+2} \\ a_{j+1}(f \cdot T)=0}} \omega_{j+1}(f \cdot T) = (n+1)(n+2),
$$

tel que voulu. $\qquad \square$

Théorème 4. *Soit $\mathcal{O}$, l'orbite d'une triangulation $T \in \mathcal{T}^{\mathcal{A}}$ sous l'action de I_{n+2}, alors $G(\{C(T) | T \in \mathcal{O}\}) = G(Asso^{\mathcal{A}}(A_n))$ pour l'orientation triviale $\mathcal{A}$ de A_{n-1} et* *pour toute triangulation $T \in \mathcal{T}^{\mathcal{A}}$. Nous noterons ce barycentre G et en particulier il est égal à $(\frac{n+1}{2}, \frac{n+1}{2}, ..., \frac{n+1}{2})$. Notons que nous avons fait un abus de langage en écrivant $Asso^{\mathcal{A}}(A_n)$ au lieu de la réalisation de l'associaèdre de type A selon l'orientation $\mathcal{A}$.*

Démonstration. Notons le stabilisateur de T, $Stab(T) = \{f \in I_{n+2} | f \cdot T = T\}$. Remarquons que

$$\sum_{f \in I_{n+2}} C(f \cdot T) = \sum_{T' \in \mathcal{O}(T)} |Stab(T')| C(T'),$$

car si $T' \in \mathcal{O}(T)$, alors $|Stab(T)| = |Stab(T')| = \frac{2(n+2)}{|\mathcal{O}(T)|}$. Nous avons donc que :

$$\sum_{f \in I_{n+2}} C(f \cdot T) = \frac{2(n+2)}{|\mathcal{O}(T)|} \sum_{T' \in \mathcal{O}(T)} C(T')$$

.

Par la proposition précédente nous savons que :

$$\sum_{T' \in \mathcal{O}(T)} \omega_i(T') = \frac{|\mathcal{O}(T)|}{2(n+2)}(n+1)(n+2) = \frac{|\mathcal{O}(T)|(n+1)}{2}$$

.

La moyenne des coordonnées de $C(T')$ pour $T' \in \mathcal{O}(T)$ est donc de $(\frac{n+1}{2}, \frac{n+1}{2}, ..., \frac{n+1}{2})$. Nous pouvons donc affirmer que le barycentre de $C(\mathcal{O}(T))$ est le même pour tout T, donc que la moyenne générale de toutes les triangulations est de $(\frac{n+1}{2}, \frac{n+1}{2}, ..., \frac{n+1}{2})$.

$\square$

Théorème 5. *Le barycentre de $Asso^{\mathcal{A}}(A_{n-1})$ ne varie pas selon $\mathcal{A}$.*

Démonstration. Nous allons modifier la preuve de la proposition 3.0.4 afin de l'adapter à toutes les orientations. Soit $\mathcal{A}$ une orientation de Γ_{n-1}. Soit i un élément de $[0, n+1]$. Remarquons que nous pouvons séparer $P_{n+2}^{\mathcal{A}}$ tel que tous les chiffres plus grands que i se trouvent du même côté et que tous les chiffres plus petits que i se trouvent de l'autre. Ceci est possible grâce à notre façon d'étiqueter les sommets selon $\mathcal{A}$. Soit $h_i(T)$, la fonction qui réétiquette les indices de $P_{n+2}^{\mathcal{A}}$ afin d'obtenir $P_{n+2}^{\mathcal{A}'}$ en laissant i fixe. Nous choisirons toujours $\mathcal{A}'$ comme étant l'orientation triviale. Notons que $\omega_i^{\mathcal{A}}(T) = h_i(\omega_i^{\mathcal{A}}(T))$, car les ensembles $[0, i-1]$ et $[i+1, n+1]$ sont fixes sous l'action de h_i.

Dans la preuve de la proposition 3.0.4, nous avons que $\omega_j(T) + \omega_j(sT) = (n+1)$ pour une réflexion s dépendante de T. Si $j \in B^{\mathcal{A}}$, alors $x_j^{\mathcal{A}} = \omega_j(T)$. La moyenne des $x_j^{\mathcal{A}}$ est donc égale à la moyenne des ω_j. Si $j \in H^{\mathcal{A}}$, alors $x_j^{\mathcal{A}} = n + 1 - \omega_j(T)$. Donc $x_j^{\mathcal{A}}(T) + x_j^{\mathcal{A}}(sT) = 2(n+1) - (n+1) = n+1$. La moyenne est donc la même que j soit haut ou bas.

Nous pouvons donc refaire la preuve de la proposition 3.0.4 en considérant $h_1(T(P_{n+2}^{\mathcal{A}}))$ au début de l'étape de base et en montrant que $h_{j+1}(T(P_{n+2}^{\mathcal{A}})) = h_j(rT(P_{n+2}^{\mathcal{A}}))$ dans l'étape de récurrence.

$\square$

La réalisation naturelle du permutoèdre de type B est l'enveloppe convexe de $\{\sigma(T) \mid \sigma \in B_n\}$. Donc, pour $Perm(B_n)$, la preuve est la même que pour le permutoèdre de type A, car l'élément $\omega_0 = (2n, 2n-1, ..., 2, 1)$ est dans B_n. Ce qui implique que $G(Perm(B_n)) = (\frac{2n+1}{2}, \frac{2n+1}{2}, ..., \frac{2n+1}{2})$.

Pour l'associaèdre de type B_n, il suffit de remarquer que l'ensemble des triangulations centralement symétriques est fixe sous l'action du groupe diédral. La preuve pour trouver son barycentre est donc la même que pour trouver le barycentre de A_{2n-1}.

Nous venons donc de montrer que les réalisations naturelles du permutoèdres de type A et B et que les réalisations par triangulation des associaèdres de type A et B ont tous le même barycentre.

CONCLUSION

Dans ce mémoire nous avons exprimé combinatoirement les réalisations, selon l'orientation des graphes de Coxeter, des associaèdres généralisés de type A et B ainsi que leurs 1-squelettes. Ensuite, nous avons montré le résultat principal de (8), c'est à dire que le barycentre de la réalisation naturelle du permutoèdre de type A est le même que celui des réalisations de l'associaèdre de type A, de la réalisation naturelle du permutoèdre de type B et des réalisations de l'associaèdre de type B.

Il existe des associaèdres pour tous les systèmes de Coxeter. Hohlweg, Lange et Thomas en donnent des réalisations dans (7). Étendre les résultats de (8) aux autres types de permutoèdres et d'associaèdres généralisés est un problème ouvert.

La première approche pour résoudre ce problème est de chercher un algorithme combinatoire pour calculer facilement les coordonnées des réalisations. Si nous possédons un tel algorithme, nous pouvons faire des calculs sur les classes d'équivalences des sommets, tel que nous venons de le faire, pour essayer de trouver les barycentres de ces réalisations.

La deuxième approche est une approche algébrique. Soit W un système de Coxeter, nous savons que le 1-squelette du permutoèdre de type W est le graphe de l'ordre faible sur W. De plus, nous savons que le 1-squelette de l'associaèdre généralisé de type W est le graphe des treillis Cambrien de W (voir (9)). L'idée serait de traduire la notion de classe d'équivalence sur les triangulations vers les éléments C-triés.

Trouver le volume ainsi que le nombre de points à entrées réelles sont des problèmes ouverts. Pour un associaèdre fixé, trouver des invariants à ses différentes réalisations est un problème ouvert. Ce problème est intéressant du point de vu des treillis Cambrien, car chaque orientation du graphe de Coxeter d'un système W correspond à un treilli Cambrien différent (voir (9)). Un invariant sur les réalisations d'un associaèdre généralisé de type W est donc un invariant sur les treillis Cambrien de type W. Trouver un invariant commun à la réalisation du permutoèdre de type W et aux réalisations de l'associaèdre généralisé de type W est encore plus fort, car cela correspond aussi à un invariant sur l'application allant de l'ordre faible aux treillis Cambrien.

BIBLIOGRAPHIE

(1) N. BERGERON, *Algebraic Combinatorics and Coinvariant Spaces*, A K Peters (2009).

(2) N. BERGERON, C. HOHLWEG, C. LANGE AND H. THOMAS, *Realizations of the Associahedron and Cyclohedron*, Discrete Comput Geom **37** (2007), 517–543.

(3) L. BILLERA AND B. STURMFELS, *iterated fibre polytopes*, Mathematika **41** (1994), 348–363.

(4) R. BOTT AND C. TAUBES, *On the self-linking of knots*, J. Math. Phys. **35** (1994), 5247–5287.

(5) S. FOMIN AND A. ZELEVINSKY, *Y-systems and generalized associahedra*, Annals of Mathematics **158** (2003), 977–1018.

(6) C. HOHLWEG AND C. LANGE, *Realizations of the Associahedron and Cyclohedron*, Discrete Comput Geom **37** (2007), 517–543.

(7) C. HOHLWEG, C. LANGE, H. THOMAS, *Permutahedra and Generalized Associahedra*, à paraitre dans Advances in Maths (2009).

(8) C. HOHLWEG, J. LORTIE AND A. RAYMOND, *The centers of gravity of the associahedron and of the permutahedron are the same*, The Electronic Journal of Combinatorics **17(1)** (2010), R72.

(9) J.-P. LABBÉ, *Approche combinatoire des amas par les éléments triés des groupes de Coxeter*, Exigence partielle de la maîtrise en mathématique, UQÀM. (2010)

(10) J. E. HUMPHREYS, *Reflection Groups and Coxeter Groups*, Cambridge studies in advanced mathematics 29.

(11) Y. KOSMANN-SCHEARZBACH, *Groupes et symétries*, les éditions de l'école polytechnique.

(12) C. LEE, *The associahedron and trinagulations of the n-gon*, European Journal of Combinatorics 10 (1989).

(13) J.-L. LODAY, *Realization of the Stasheff polytope*, Arch. Math. **83** (2004), 267–278.

(14) P. MC MULLEN, E. SCHULTE , *Abstract Regular Polytopes*, Cambridge University Press (2002)

(15) A. POSTNIKOV, *Permotohedra, Associahedra, And Beyond*, Oxford University Press (2009)

(16) R. SIMION, *A type-B associahedron*, Adv. Appl. Math. **30** (2003), 2–25.

(17) J. STASHEFF, *Homotopy associativity of H-spaces I, II*, Trans. Amer. Math. Soc. **108** (1963), 275–312.

(18) G. M. ZIEGLER, *Lectures on polytopes*, Graduate Texts in Mathematics Vol. 152 (1995).

(19) http ://en.wikipedia.org/wiki/Abstract_polytope

(20) http ://en.wikipedia.org/wiki/Coxeter_group

(21) http ://en.wikipedia.org/wiki/Permutahedron

Index

www.ingramcontent.com/pod-product-compliance
Lightning Source LLC
Chambersburg PA
CBHW021607210326
41599CB00010B/645